# 水利工程概预算及其 Excel 应用

牛立军 王 博 著

黄河水利出版社

·郑州·

## 内 容 提 要

本书以一座小水闸为例，从项目划分、基础单价编制、工程单价编制到五大部分概算编制详细介绍了如何利用 Excel 强大的函数和公式来编制水利工程概预算；并把水利部 2002 建筑工程概算定额 5 616 个子目和 1 244 个机械台时定额子目输入 Excel 表格，介绍了 Excel 中定额查询的方法；最后一章介绍了如何通过编写 VBA 代码自动生成概算正件和附件。随书附有 Excel 电子版，可通过电子邮箱 NLJ6627 @163.com 或加微信号 NLJ6627 免费索取。

本书可作为高等学校水利类相关专业的教学参考书，也可供从事水利工程概预算编制人员使用，更可供造价人员学习 Excel 参考。

### 图书在版编目（CIP）数据

水利工程概预算及其 Excel 应用/牛立军,王博著. —郑州：
黄河水利出版社,2019.3
ISBN 978 - 7 - 5509 - 2317 - 1

Ⅰ.①水… Ⅱ.①牛… ②王… Ⅲ.①表处理软件 - 应用 -
水利工程 - 概算编制 ②表处理软件 - 应用 - 水利工程 - 预算
编制 Ⅳ.①TP391.13 ②TV512

中国版本图书馆 CIP 数据核字（2019）第 052665 号

组稿编辑:岳晓娟　电话:0371 - 66020903　E-mail:2250150882@qq.com

出　版　社:黄河水利出版社
　　　　地址:河南省郑州市顺河路黄委会综合楼 14 层　　邮政编码:450003
发行单位:黄河水利出版社
　　　　发行部电话:0371 - 66026940、66020550、66028024、66022620(传真)
　　　　E-mail:hhslcbs@126.com
承印单位:河南新华印刷集团有限公司
开本:787 mm × 1 092 mm　1/16
印张:11.5
字数:265 千字　　　　　　　　　　　　　　　印数:1—1 000
版次:2019 年 3 月第 1 版　　　　　　　　　　印次:2019 年 3 月第 1 次印刷
定价:39.00 元

# 前　言

我们多年来从事水利类专业工程造价课程教学实践,从中体会到,作为本科教育培养的目标,不能只会机械地使用某一商业软件。如何既懂得理论知识,又具备编制开放式软件和使用软件的技能,是我们教学实践中一直探索的目标,目前还没有能满足这一目标要求的水利工程概预算教材。在 Excel 这个再熟悉不过的环境中编制自己的概预算软件,不仅让学生学会概预算的编制步骤,明白原理,同时拥有了一套自己的概预算软件,很自然地让人有成就感,对造价工作充满兴趣,随之带来的是对造价相关工作更深入的探讨。水利工程造价的软件多由商业软件公司开发,造价文件中的基础信息不是开放式的,制约了工程项目管理中诸如概预算评审、进度管理、成本管理以及资源计划管理等以造价文件资料为基础的管理在管理信息系统(MIS)以及 BIM 开发中的应用。

本书编写的目的不是送给大家一套概预算的应用软件,而是通过学习书中介绍的方法自己来编制一套适合自己工作对象和当地情况的水利工程造价软件。自己编制的软件不仅易于维护,还可不断充实、完善,适应性更强。利用 Excel 编制概预算实际上是一个长期积累的过程,比如编制的工程单价和补充、借用的定额积累得多了,其适应性就更强,使用范围会更广。每一项水利工程的造价主要是基础单价不同,如能做到基础单价的变动其他表格中的数据也会变动,那今后编制概预算的工作量就主要集中在基础单价的修改了。利用 Excel 编制的造价是开放式的,很多基础的数据都能在表格中所见所得,比如人、材、机的消耗量,书中附有工、料、机统计的 VBA 源代码,读者也可以借此参考用于结合施工进度表的资源计划安排等。Excel 编制的概预算适应了概预算评审,比其他软件导出的 Excel 表格修改起来更加方便。书中还结合了 BIM 应用,附有对 Revit 所建三维模型进行工程量统计的插件源代码,有兴趣的读者可参考学习。

授人以鱼不如授人以渔,书中介绍的方法是关于水利工程概预算,实际上,这些方法完全可以适用于工程量清单和投标报价以及其他行业。希望通过对本书的学习,让大家认识到,软件的开发不是计算机专业的专利,也不必非要到复杂的开发环境中开发软件,我们天天见面的 Excel 和 Word 利用好了,就会给我们的工作带来极大的方便。

每一节先讲透编制原理和编制规定,并结合实例讲解,然后一步一步在 Excel 中编制公式,编好后再验证实例与手工计算比较,重点步骤截图予以标注说明,并附上单元格内的公式,使学习者既能明白概预算的编制原理,又能明白公式及其函数的用法。编目顺序依照初学者的逻辑思维,从模糊到清晰、从疑问到豁然开朗。如何把一座看似非常复杂的水利工程逐步解剖,由繁到简做出工程的造价。语言力求通俗、亲和、易于理解。第一章的第三节属于更高一级的应用,可先不看。建议第二章一定要花时间弄明白,以培养对 Excel 的兴趣,兴趣是学习本书的动力。

本书由华北水利水电大学牛立军高工和王博博士执笔。

本书在写作的过程中参考和引用了大量教材、专著及其他文献资料,在此谨向这些文献的作者表示衷心的感谢!

由于作者水平有限,加之 Excel 博大精深,并且高手很多,书中肤浅与错误之处在所难免,恳请读者批评指正。

作　者

2018 年 12 月

# 目 录

# 第一章　项目划分与工程量计算

## 第一节　项目划分

　　水利工程概预算的项目划分是编制概预算的首要工作,也是很重要的一项工作,划分不好就会有漏项或重复计算,造成编制的概预算不准确。

　　项目划分就是把一座水利工程划分为单位工程(一级项目)、分部工程(二级项目)、分项工程(三级项目)。到分项工程这一级就可以有唯一的单价来与之对应。看下面的例子:

　　图1-1～图1-3为一座小型水闸的纵剖面图和平面图以及用Auto Revit画的它的三维图。

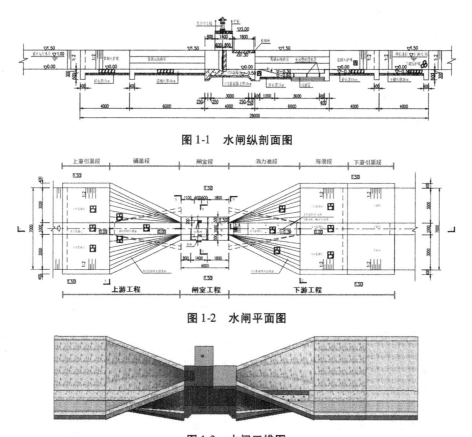

图1-1　水闸纵剖面图

图1-2　水闸平面图

图1-3　水闸三维图

　　根据图1-1～图1-3,我们可以把这座水闸进行项目划分并列出如表1-1所示表格,这个表格就是建筑工程概预算表的格式。

表 1-1　某水闸建筑工程概算表(格式)

| 序号 | 工程或费用名称 | 单位 | 数量 | 单价 | 合价 |
|---|---|---|---|---|---|
| 一 | 上游工程 | | | | |
| (一) | 引渠段 | | | | |
| 1 | 左侧 M10 浆砌石护坡 | $m^3$ | | | |
| 2 | 左侧护坡碎石垫层 | $m^3$ | | | |
| 3 | M10 浆砌石护底 | $m^3$ | | | |
| 4 | 护底碎石垫层 | $m^3$ | | | |
| 5 | 右侧 M10 浆砌石护坡 | $m^3$ | | | |
| 6 | 右侧护坡碎石垫层 | $m^3$ | | | |
| (二) | 铺盖段 | | | | |
| 1 | 左侧 M10 浆砌石护坡 | $m^3$ | | | |
| 2 | 左侧护坡碎石垫层 | $m^3$ | | | |
| 3 | 左侧直墙垫层 | $m^3$ | | | |
| 4 | M10 浆砌石铺盖 | $m^3$ | | | |
| 5 | 铺盖碎石垫层 | $m^3$ | | | |
| 6 | 右侧 M10 浆砌石护坡 | $m^3$ | | | |
| 7 | 右侧护坡碎石垫层 | $m^3$ | | | |
| 8 | 右侧直墙垫层 | $m^3$ | | | |
| 二 | 闸室工程 | | | | |
| (一) | 下部结构 | | | | |
| 1 | C25 钢筋混凝土闸底板 | $m^3$ | | | |
| 2 | C15 素混凝土垫层 | $m^3$ | | | |
| 3 | C25 钢筋混凝土左边墩 | $m^3$ | | | |
| 4 | C25 钢筋混凝土右边墩 | $m^3$ | | | |
| 5 | C25 左侧闸门槽二期混凝土 | $m^3$ | | | |
| 6 | C25 右侧闸门槽二期混凝土 | $m^3$ | | | |
| (二) | 上部结构 | | | | |
| 1 | C25 钢筋混凝土启闭机桥 | $m^3$ | | | |
| 2 | C25 钢筋混凝土检修桥 | $m^3$ | | | |
| 三 | 下游工程 | | | | |
| (一) | 消力池段 | | | | |
| 1 | 左侧 M10 浆砌石护坡 | $m^3$ | | | |
| 2 | 左侧护坡碎石垫层 | $m^3$ | | | |
| 3 | 左侧直墙垫层 | $m^3$ | | | |
| 4 | 右侧 M10 浆砌石护坡 | $m^3$ | | | |
| 5 | 右侧护坡碎石垫层 | $m^3$ | | | |
| 6 | 右侧直墙垫层 | $m^3$ | | | |
| 7 | M10 浆砌石消力池 | $m^3$ | | | |
| 8 | 消力池碎石垫层 | $m^3$ | | | |
| 9 | 消力池反滤层(粗砂) | $m^3$ | | | |

续表 1-1

| 序号 | 工程或费用名称 | 单位 | 数量 | 单价 | 合价 |
|------|----------------|------|------|------|------|
| 10 | 消力池反滤层（小石子） | m³ | | | |
| 11 | 消力池反滤层（大石子） | m³ | | | |
| （二） | 海漫段 | | | | |
| 1 | 左侧 M10 浆砌石护坡 | m³ | | | |
| 2 | 左侧护坡碎石垫层 | m³ | | | |
| 3 | M10 浆砌石海漫 | m³ | | | |
| 4 | 海漫碎石垫层 | m³ | | | |
| 5 | 右侧 M10 浆砌石护坡 | m³ | | | |
| 6 | 右侧护坡碎石垫层 | m³ | | | |
| （三） | 引渠段 | | | | |
| 1 | 左侧干砌石护坡 | m³ | | | |
| 2 | 左侧护坡碎石垫层 | m³ | | | |
| 3 | 干砌石护底 | m³ | | | |
| 4 | 护底碎石垫层 | m³ | | | |
| 5 | 右侧干砌石护坡 | m³ | | | |
| 6 | 右侧护坡碎石垫层 | m³ | | | |

表 1-1 中不包括土方工程、排水管、钢筋制安等。

表 1-1 中序号"一"可视为单位工程（一级项目）、序号"（二）"可视为分部工程（二级项目）、序号"1"可视为分项工程（三级项目）。

注意：以上一级项目视为单位工程、二级项目视为分部工程、三级项目视为分项工程只是为理解方便，在不同的工程中不一定正好对应。关于项目划分的具体规定参照《水利水电工程设计工程量计算规定》（SL 328—2005）。

# 第二节 工程量计算

项目划分完之后的工作就是计算三级项目的工程量。工程量的计算需要编制工程量计算书，工程量计算书格式如表 1-2 所示。

表 1-2 工程量计算书格式

| 编号 | 工程名称 | 计算简图 | 计算公式 | 计算结果 |
|------|----------|----------|----------|----------|
| 一 | 上游工程 | | | |
| （一） | 上游引渠段 | | | |
| 1 | 上游左岸 M10 浆砌石护坡 | | | |
| 2 | 上游左岸护坡碎石垫层 | | | |
| 3 | 上游右岸 M10 浆砌石护坡 | | | |
| 4 | 上游右岸护坡碎石垫层 | | | |

工程量计算书的编制是一项很繁重的工作，但是也是很重要的一项工作，审查概预算的部门和造价专家要审查你的工程量计算书，一个从事造价工作的人一定要耐心、细致，

容不得急躁、马虎,这是编制概预算的一项基本能力,需要认真训练。

# 第三节　Revit 与 Excel 联合应用统计工程量

正是由于工程量计算工作的繁重,尤其是计算土方的工程量、施工图预算时计算钢筋的工程量(概算编制阶段钢筋是根据每方混凝土的含筋率来估算)。所以,多年来人们试图利用计算机来辅助算量,这方面如鲁班算量软件、广联达算量软件等。但是哪种算量软件都必须把图输入计算机,计算机才能算出来。

随着 Auto Revit 的推广应用,如果能把工程的三维模型画出来,在 Auto Revit 中编制一个插件,结合 Excel 的函数,项目划分和工程量的计算变得越来越简单了,无论是土方开挖回填、钢筋算量等,都是可以方便地完成的。

## 一、用 Auto Revit 统计工程量

下面以小水闸三维模型为例,介绍如何统计工程量。

第一步:打开已经绘制好的水闸三维模型(先在计算机上安装好 Auto Revit 软件)。

第二步:选中左岸护坡,在"属性"的"注释"中输入名称"左岸 M10 浆砌石护坡",在"标记"中输入"1",如图 1-4 所示。

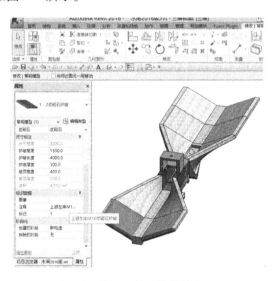

**图 1-4　注释和标记构件的名称**

第三步:按照第二步的方法,分别选中"左岸护坡垫层"等项,在其相应的"注释"和"标记"中进行命名和标记,把所有的构件如此命名和标记。

注意:第二步和第三步的工作也可在绘制三维模型时就注释和标记好。

第四步:选中全部水闸的三维模型,点开屏幕上方"附加模块"菜单,会出现"外部命令"面板,"外部命令"下有"工程量统计"插件,点击"工程量统计",如图 1-5 所示。

注意:若想要 Auto Revit 菜单中显示"附加模块"需要建立 Addin 文件,具体设置方法参考有关书籍。

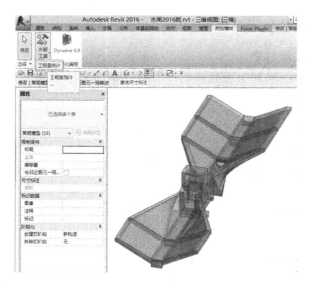

**图 1-5　选中三维模型**

第五步:插件会自动打开 D 盘上的"D:\水利工程概算软件表格.xlsx"Excel 表格,并在"sheet1"工作表中统计出工程量清单,如图 1-6 所示。

| A | B | C |
|---|---|---|
| 1 | 2 上游左岸护坡碎石垫层 | 2.17 m³ |
| 2 | 5 上游M10浆砌石护底 | 1.40 m³ |
| 3 | 7 上游左岸M10浆砌石护坡 | 7.54 m³ |
| 4 | 8 上游左岸护坡碎石垫层 | 1.25 m³ |
| 5 | 9 上游左岸护坡直槽碎石垫层 | 0.59 m³ |
| 6 | 19 C25钢筋混凝土左边墩 | 2.64 m³ |
| 7 | 15 C25钢筋混凝土闸底板 | 4.31 m³ |
| 8 | 17 C25钢筋混凝土闸底板右封头 | 0.02 m³ |
| 9 | 16 C25钢筋混凝土闸底板左封头 | 0.02 m³ |
| 10 | 18 闸底板C15素混凝土垫层 | 1.28 m³ |
| 11 | 31 M10浆砌石消力池 | 2.44 m³ |
| 12 | 32 消力池碎石垫层 | 0.41 m³ |
| 13 | 33 消力池反滤层（大石子） | 0.13 m³ |
| 14 | 34 消力池反滤层（小石子） | 0.13 m³ |
| 15 | 35 消力池反滤层（粗砂） | 0.25 m³ |
| 16 | 13 M10浆砌石铺盖 | 2.00 m³ |
| 17 | 6 上游浆砌石护底碎石垫层 | 0.54 m³ |
| 18 | 14 铺盖碎石垫层 | 0.84 m³ |
| 19 | 25 下游左岸M10浆砌石护坡 | 7.54 m³ |
| 20 | 26 下游左岸护坡碎石垫层 | 1.25 m³ |
| 21 | 36 海漫段左岸M10浆砌石护坡 | 4.51 m³ |
| 22 | 37 海漫段左岸护坡碎石垫层 | 2.17 m³ |
| 23 | 40 M10浆砌石海漫 | 1.40 m³ |
| 24 | 46 下游干砌石护底 | 1.40 m³ |
| 25 | 42 下游护底段左岸干砌石护坡 | 4.51 m³ |
| 26 | 43 下游护底段左岸护坡碎石垫层 | 2.17 m³ |
| 27 | 41 海漫碎石垫层 | 0.54 m³ |
| 28 | 47 下游护底碎石垫层 | 0.54 m³ |
| 29 | 3 上游右岸M10浆砌石护坡 | 4.51 m³ |

**图 1-6　插件读取构件名称和工程量到 Excel 表格**

注意:在执行第五步之前,在电脑 D 盘上要新建一个"D:\水利工程概算软件表格.xlsx"Excel 表格。

## 二、用 Excel 函数生成工程量清单

### (一)读取分项工程名称

第一步:点开"D:\水利工程概算软件表格.xlsx"Excel 表格的 sheet2 工作表,按照图 1-7 的格式编制表格。

**图 1-7　sheet2 表的格式**

第二步:在 C6 单元格输入公式"=VLOOKUP(B6,Sheet1!$A:$C,2,0)",按回车键或鼠标点击其他单元格,此时 C6 单元格出现错误情况,如图 1-8 所示。

在 B6 单元格输入"1"后,C6 单元格的公式就会在"sheet1"工作表中读出工程名称,如图 1-9 所示。

**图 1-8　在 C6 单元格输入公式**

**图 1-9　在 B6 单元格输入"1"**

第三步:选中 C6 单元格,将鼠标移到这个单元格的右下角,出现"+"号后按住鼠标左键向下拉到 C11,会出现如下情况,如图 1-10 所示。

第四步:在 B7~B11 单元格中分别输入 2~6,结果如图 1-11 所示。

**图 1-10　选中 C6 单元格向下复制公式**

**图 1-11　已经读出的工程名称**

第五步：在图1-7表中的"铺盖段"下面插入一定数量的空行，按照第三步和第四步的方法编制公式，结果如图1-12所示。

| | A | B | C |
|---|---|---|---|
| 1 | | | 水闸 |
| 2 | 编号 | | 工程或费用名称 |
| 3 | 壹 | | 建筑工程 |
| 4 | 一 | | 主体建筑工程 |
| 5 | （一） | | 上游引渠段 |
| 6 | 1 | 1 | 上游左岸M10浆砌石护坡 |
| 7 | 2 | 2 | 上游左岸护坡碎石垫层 |
| 8 | 3 | 3 | 上游右岸M10浆砌石护坡 |
| 9 | 4 | 4 | 上游右岸护坡碎石垫层 |
| 10 | 5 | 5 | 上游M10浆砌石护底 |
| 11 | 6 | 6 | 上游浆砌石护底碎石垫层 |
| 12 | （二） | | 铺盖段 |
| 13 | 1 | 7 | 上游左岸M10浆砌石护坡 |
| 14 | 2 | 8 | 上游左岸护坡碎石垫层 |
| 15 | 3 | 9 | 上游左岸护坡直墙碎石垫层 |
| 16 | 4 | 10 | 上游右岸M10浆砌石护坡 |
| 17 | 5 | 11 | 上游右岸护坡碎石垫层 |
| 18 | 6 | 12 | 上游右岸护坡直墙碎石垫层 |
| 19 | 7 | 13 | M10浆砌石铺盖 |
| 20 | 8 | 14 | 铺盖碎石垫层 |

**图1-12　读出铺盖段的工程名称**

第六步：重复以上方法，把其他部分的工程名称也一起读过来。

注意：以上操作步骤的目的是在"sheet1"中读取分项（三级项目）工程的名称，用的函数是VLOOKUP（）。学习这个函数的用法，可先选中C6单元格，点击"fx"按钮，选择"查找与引用"，找到VLOOKUP函数，进入如图1-13所示。

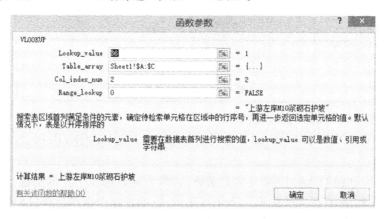

**图1-13　VLOOKUP函数的界面**

先看第一个参数"Lookup_value"，它指的是需要在数据表首列进行搜索的值，这里的"数据表"是第二个参数"Table_array"，也就是sheet1工作表中的A～C三列中的所有区域，这个区域的首列是A列，A列中的值是1，2，3，…，第一个参数"Lookup_value"的参数值必须能够在A列中找到，如果A列中没有这个值，VLOOKUP（）函数就会出错。第一个参数可以直接输入一个数值，比如说"1"，我们这里用的是"B6"，这个"B6"在这里叫"引用",这样的话就灵活了,VLOOKUP( )函数查找的结果可以随着 B6 单元格输入不同的值而变化。

第二个参数"Table_array",就好理解了,"＄"是绝对引用的意思,往下拉(复制)公式时有用,后面慢慢体会。

第三个参数"Col_index_num"是要求 VLOOKUP( )函数返回"Table_array"这个区域中与第一个参数值同一行的第几列的值,也就是我们要查找的结果是"数据表"区域的第几列。

第四个参数"Range_lookup"是要求精确匹配还是大致匹配,输入"False"或"0"是大致匹配,输入"True"或"1"是精确匹配。

对于 Excel 中的函数要在空单元格中多试几遍才能充分理解,并能灵活运用。

**(二)读取分项工程量**

再回到表格图 1-7 的表中。

第一步:在 E6 单元格中输入公式"＝VLOOKUP(B6,Sheet1！＄A:＄C,3,0)",按回车键或点击其他单元格,E6 单元格的公式会读出"4.51 $m^3$",如图 1-14 所示。我们只要工程量,不要单位,所以还需要对这个结果进行改造,把工程量读出来。

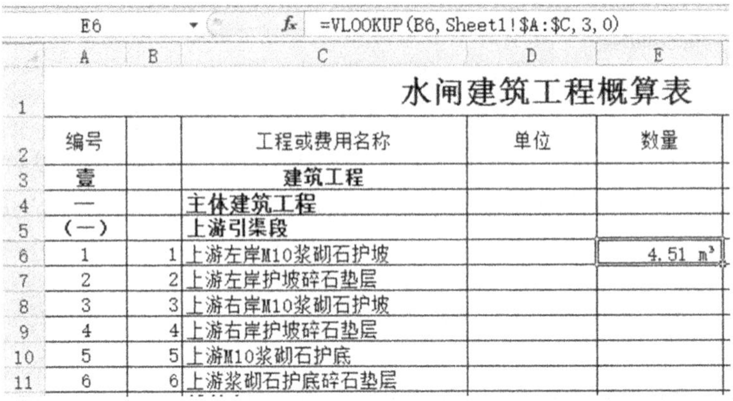

图 1-14　读出工程量

第二步:把 E6 单元格的公式改造如下:

　＝LEFT(VLOOKUP(B6,Sheet1！＄A:＄C,3,0),LEN(VLOOKUP(B6,Sheet1！＄A:＄C,3,0))-2)

其中用到了 LEFT( )和 LEN( )两个函数,这两个函数都属于文本函数,LEFT( )函数是从文本字符串"text"最左边的第一个字符开始,返回指定个数的字符,LEN( )函数返回"text"文本字符串的个数,可在 Excel 中试几次这两个函数的用法。公式"＝LEFT(VLOOKUP(B6,Sheet1！＄A:＄C,3,0),LEN(VLOOKUP(B6,Sheet1！＄A:＄C,3,0))-2)"中"VLOOKUP(B6,Sheet1！＄A:＄C,3,0)"就是 LEFT( )函数和 LEN( )函数的"text"。由于"VLOOKUP(B6,Sheet1！＄A:＄C,3,0)"读出来的包括工程量和单位,我们不知道工程量有几个字符,但我们知道单位有两个字符,所以工程量的字符个数应该是"VLOOKUP(B6,Sheet1！＄A:＄C,3,0)"的字符个数减 2。

这样我们就把工程量也读出来了,形成了工程量清单,如图1-15所示,单位列的单位是手工输入的,没有编公式。

| | A | B | C | D | E |
|---|---|---|---|---|---|
| 1 | | | 水闸建筑工程概算表 | | |
| 2 | 编号 | | 工程或费用名称 | 单位 | 数量 |
| 3 | 壹 | | 建筑工程 | | |
| 4 | 一 | | 主体建筑工程 | | |
| 5 | (一) | | 上游引渠段 | | |
| 6 | 1 | 1 | 上游左岸M10浆砌石护坡 | $m^3$ | 4.51 |
| 7 | 2 | 2 | 上游左岸护坡碎石垫层 | $m^3$ | 2.17 |
| 8 | 3 | 3 | 上游右岸M10浆砌石护坡 | $m^3$ | 4.51 |
| 9 | 4 | 4 | 上游右岸护坡碎石垫层 | $m^3$ | 2.17 |
| 10 | 5 | 5 | 上游M10浆砌石护底 | $m^3$ | 1.40 |
| 11 | 6 | 6 | 上游浆砌石护底碎石垫层 | $m^3$ | 0.54 |

**图1-15 形成的工程量清单**

双击表格最下端的"sheet2"改名为"建筑工程概算表"存盘退出,如图1-16所示。

| 32 | (四) | | 消力池段 | | |
|---|---|---|---|---|---|
| 33 | 1 | 25 | 下游左岸M10浆砌石护坡 | $m^3$ | 7.54 |
| 34 | 2 | 26 | 下游左岸护坡碎石垫层 | $m^3$ | 1.25 |

|◀ ◀ ▶ ▶| Sheet1　**建筑工程概算表**　人工单价标准　基础单价　材料预算价格表　柴油发

**图1-16 改名存盘**

下面附上Auto Revit中"工程量统计"插件的C#语言源代码,仅供参考:

```
using System;
using System. Collections. Generic;
using System. Linq;
using System. Text;
using System. Windows. Forms;
using System. Diagnostics;
using Autodesk. Revit. ApplicationServices;
using Autodesk. Revit. UI;
using Autodesk. Revit. DB;
using Autodesk. Revit. Attributes;
using Autodesk. Revit. UI. Selection;
using Microsoft. Office. Interop. Excel;
namespace 工程量统计
{
    [Autodesk. Revit. Attributes. Transaction(TransactionMode. ReadOnly)]
public class Command ：IExternalCommand
    {
publicResult Execute (ExternalCommandData revit, refstring message, ElementSet ele-
```

```
ments)
        {
    try
        {
    //打开 D:\水利工程概算软件表格. xlsx
        Microsoft. Office. Interop. Excel. Application exl = newMicrosoft. Office. In-
terop. Excel. Application( );
    object missingValue = Type. Missing;
        Microsoft. Office. Interop. Excel. Workbook wb = exl. Workbooks. Open ( @
"D:\水利工程概算软件表格. xlsx",
    missingValue, missingValue, missingValue, missingValue, missingValue, missingValue,
missingValue,
    missingValue, missingValue, missingValue, missingValue, missingValue, missingValue,
missingValue);
        exl. Visible = true;
    // Select some elements in Revit before invoking this command
    // Get the handle of current document.
    UIDocument uidoc = revit. Application. ActiveUIDocument;
    // Get the element selection of current document.
    Selection selection = uidoc. Selection;
    ICollection < ElementId > selectedIds = uidoc. Selection. GetElementIds( );
    if (0 = = selectedIds. Count)
        {
    // If no elements selected.
    TaskDialog. Show( "Revit" , "You haven't selected any elements. " );
        }
    else
        {
    int i = 0;
    Worksheet sheet = wb. Worksheets[ 1 ];
    sheet. Select( );
    foreach (ElementId id in selectedIds)
        {
    Element elem = uidoc. Document. GetElement( id);
        i = i + 1;
    foreach (Autodesk. Revit. DB. Parameter param in elem. Parameters)
        {
    if (param. Definition. Name = = "标记")
```

```
                {
sheet. Cells[i, 1] = param. AsString();
                }
if (param. Definition. Name = = "注释")
                {
sheet. Cells[i, 2] = param. AsString();
                }
if (param. Definition. Name = = "体积")
                {
sheet. Cells[i, 3] = param. AsValueString();
                }
if (param. Definition. Name = = "净剪切/填充")
                {
sheet. Cells[i, 4] = param. AsValueString();
                }
            }
          }
        }
        }
catch (Exception e)
        {
message = e. Message;
return Autodesk. Revit. UI. Result. Failed;
        }
return Autodesk. Revit. UI. Result. Succeeded;
      }
    }
}
```

# 第二章　人工预算单价

## 第一节　工程单价

　　项目划分和工程量做出来之后,下一步的工作就是编制分项工程(三级项目)的工程单价,根据《水利工程设计概(估)算编制规定》(水总〔2014〕429 号),工程单价分为两种:建筑工程单价、安装工程单价。这里先讲建筑工程单价,上一章所列水闸的工程量清单就是建筑工程部分(俗称土建),安装工程部分是指机电设备及安装工程和金属结构设备及安装工程,后面再讲。

　　建筑工程单价的组成如下:

　　● 直接费

　　(1)基本直接费。

　　人工费 = 定额劳动量(工时)×人工预算单价(元/工时)

　　材料费 = 定额材料用量×材料预算单价(如果规定有基价的主要材料预算单价超过规定的基价,此处用基价)

　　机械使用费 = 定额机械使用量(台时)×施工机械台时费(元/台时)

　　(2)其他直接费。

　　其他直接费 = 基本直接费×其他直接费费率之和

　　● 间接费

　　间接费 = 直接费×间接费费率

　　● 利润

　　利润 = (直接费 + 间接费)×利润率

　　● 材料补差

　　材料补差 = (材料预算价格 - 材料基价)×材料消耗量

　　● 税金

　　税金 = (直接费 + 间接费 + 利润 + 材料补差)×税率

　　建筑工程单价 = 直接费 + 间接费 + 利润 + 材料补差 + 税金

## 第二节　基础单价

　　从工程单价中基本直接费的组成可以看出,人、材、机的费用都是定额消耗量乘以预算单价。定额消耗量需要通过查定额得到,预算单价就是基础单价。基础单价包括人工预算单价、材料预算单价、施工机械台时费、电价、风价、水价这六项基本的基础单价,另外还有通常被看作一种材料的混凝土材料单价、砂浆材料单价。编制任何一个工程的概预算时,先要计算这些基础单价,每个工程的基础单价是不一样的。

　　基本直接费中的定额劳动量(工时)、定额材料用量、定额机械使用量(台时)是定额消耗量,定额消耗量是指建造单位工程消耗的人材机用量,单位指定额单位,如 1 m³、10 m³ 或 100 m³ 等。定额消耗量有两种计算方法:查定额法和实物量分析法。目前我国水利工程定额大致有两种:一是水利部颁发的定额,如部颁 2002《水利建筑工程概算定额》(上、下册)、《水利水电设备安装工程概算定额》、《水利工程施工机械台时费定额》和预算定额;二是每个省自己颁发的水利工程概预算定额。我们后面主要采用部颁定额。实物量分析法是企业根据自己的劳动生产效率和管理水平自行分析人材机消耗量,形成自己的企业定额,多用于投标报价编制。但目前我国这样的企业定额不多,这项工作很多企业并没有去做,而是参照国家或省颁发的预算定额计算。

## 第三节　用 Excel 查询人工预算单价

　　水总[2014]429 号文件中人工预算单价是根据人工预算单价计算标准表格查算的(见表2-1)。

表 2-1　人工预算单价标准　　　　　　　(单位:元/工时)

| 类别与等级 | 一般地区 | 一类区 | 二类区 | 三类区 | 四类区 | 五类区(西藏二类) | 六类区(西藏三类) | 西藏四类 |
|---|---|---|---|---|---|---|---|---|
| 枢纽工程 | | | | | | | | |
| 工长 | 11.55 | 11.8 | 11.98 | 12.26 | 12.76 | 13.61 | 14.63 | 15.4 |
| 高级工 | 10.67 | 10.92 | 11.09 | 11.38 | 11.88 | 12.73 | 13.74 | 14.51 |
| 中级工 | 8.9 | 9.15 | 9.33 | 9.62 | 10.12 | 10.96 | 11.98 | 12.75 |
| 初级工 | 6.13 | 6.38 | 6.55 | 6.84 | 7.34 | 8.19 | 9.21 | 9.98 |
| 引水工程 | | | | | | | | |
| 工长 | 9.27 | 9.47 | 9.61 | 9.84 | 10.24 | 10.92 | 11.73 | 12.11 |
| 高级工 | 8.57 | 8.77 | 8.91 | 9.14 | 9.54 | 10.21 | 11.03 | 11.4 |
| 中级工 | 6.62 | 6.82 | 6.96 | 7.19 | 7.59 | 8.26 | 9.08 | 9.45 |
| 初级工 | 4.64 | 4.84 | 4.98 | 5.21 | 5.61 | 6.29 | 7.1 | 7.47 |
| 河道工程 | | | | | | | | |
| 工长 | 8.02 | 8.19 | 8.31 | 8.52 | 8.86 | 9.46 | 10.17 | 10.49 |
| 高级工 | 7.4 | 7.57 | 7.7 | 7.9 | 8.25 | 8.84 | 9.55 | 9.88 |
| 中级工 | 6.16 | 6.33 | 6.46 | 6.66 | 7.01 | 7.6 | 8.31 | 8.63 |
| 初级工 | 4.26 | 4.43 | 4.55 | 4.76 | 5.1 | 5.7 | 6.41 | 6.73 |

　　注:1.艰苦边远地区划分执行人事部、财政部《关于印发〈完善艰苦边远地区津贴制度实施方案〉的通知》(国人部发[2006]61 号)及各省(市、区)关于艰苦边远地区津贴制度实施意见。一至六类地区的类别划分参见定额附录7,执行时应根据最新文件进行调整。一般地区指定额附录7之外的地区。

　　2.西藏地区的类别执行西藏特殊津贴制度相关文件规定,其二至四类划分的具体内容见定额附录7。

　　3.跨地区建设项目的人工预算单价可按主要建筑物所在地确定,也可按工程规模或投资比例进行综合确定。

　　下面我们用 Excel 来编制人工预算单价的查询。

　　第一步:打开第一章 D 盘上的"D:\水利工程概算软件表格.xlsx"Excel 文件,我们用的是 Office2010 版本。或在任意位置新建一个这样的 Excel 文件,先把第一章表 1-1 的建筑工程概算表输入 Excel 表格,工程量可任意填写。

第二步:把表 2-1 复制到"sheet3"工作表,并把"sheet3"改为"人工单价标准",如图 2-1 所示。其中,G3 和 H3 单元格进行了合并改造。

**人工预算单价标准**

单位:元/工时

表 2-1

| 类别与等级 | 一般地区 | 一类区 | 二类区 | 三类区 | 四类区 | 五类区(西藏二类) | 六类区(西藏三类) | 西藏四类 |
|---|---|---|---|---|---|---|---|---|
| 枢纽工程 | | | | | | | | |
| 工长 | 11.55 | 11.8 | 11.98 | 12.26 | 12.76 | 13.61 | 14.63 | 15.4 |
| 高级工 | 10.67 | 10.92 | 11.09 | 11.38 | 11.88 | 12.73 | 13.74 | 14.51 |
| 中级工 | 8.9 | 9.15 | 9.33 | 9.62 | 10.12 | 10.96 | 11.98 | 12.75 |
| 初级工 | 6.13 | 6.38 | 6.55 | 6.84 | 7.34 | 8.19 | 9.21 | 9.98 |
| 引水工程 | | | | | | | | |
| 工长 | 9.27 | 9.47 | 9.61 | 9.84 | 10.24 | 10.92 | 11.73 | 12.11 |
| 高级工 | 8.57 | 8.77 | 8.91 | 9.14 | 9.54 | 10.21 | 11.03 | 11.4 |
| 中级工 | 6.62 | 6.82 | 6.96 | 7.19 | 7.59 | 8.26 | 9.08 | 9.45 |
| 初级工 | 4.64 | 4.84 | 4.98 | 5.21 | 5.61 | 6.29 | 7.1 | 7.47 |
| 河道工程 | | | | | | | | |
| 工长 | 8.02 | 8.19 | 8.31 | 8.52 | 8.86 | 9.46 | 10.17 | 10.49 |
| 高级工 | 7.4 | 7.57 | 7.7 | 7.9 | 8.25 | 8.84 | 9.55 | 9.88 |
| 中级工 | 6.16 | 6.33 | 6.46 | 6.66 | 7.01 | 7.6 | 8.31 | 8.63 |
| 初级工 | 4.26 | 4.43 | 4.55 | 4.76 | 5.1 | 5.7 | 6.41 | 6.73 |

注 1. 艰苦边远地区划分执行人事部、财政部《关于印发〈完善艰苦边远地区津贴制度实施方案〉的通知》(国人部发 [2006]61 号)及各省(市、区)关于艰苦边远地区津贴制度实施意见。一至六类地区的类别划分参见附录 7,执行时应根据最新文件进行调整,一般地区指附录 7 之外的地区。

2. 西藏地区的类别执行西藏特殊津贴制度相关文件规定,其二至四类划分的具体内容见附录 7。

3. 跨地区建设项目的人工预算单价可按主要建筑物所在地确定,也可按工程规模及投资比例进行综合确定。

Sheet1  建筑工程概算表  **人工单价标准**  基础单价  材料预算价格表  柴油发电机台时费  空压机

图 2-1 人工单价标准

第三步:再插入一个工作表,改名为"基础单价",按图 2-2 所示输入相应文字。

| | A | B | C | D | E |
|---|---|---|---|---|---|
| 1 | 1、人工预算单价 | 工程性质 | 地区类别 | 人工等级 | 查询结果 |
| 2 | | | | | |
| 3 | | | | | |
| 4 | | | | | |
| 5 | | | | | |

图 2-2 人工单价图 1

第四步:选中 B2 单元格,选择"数据"菜单项→选择功能区"数据工具"组的"数据有效性"按钮,在下拉菜单中选择"数据有效性…"项,弹出"数据有效性"对话框(见图 2-3)。选择"设置"选项卡,在"允许"项下选择"序列",在"来源"中输入"枢纽工程,引水工程,河道工程"。点击"确定",注意:"枢纽工程,引水工程,河道工程"中的","是英文字符。

图 2-3 人工单价图 2

这时,在 B2 单元格右侧出现下拉箭头,点击下拉箭头出现了"枢纽工程,引水工程,河道工程"三个选项供我们选择。

第五步:选中 C2 单元格,用同样的方法弹出"数据有效性"对话框。点击"来源"右侧的工作表符号,选择"人工单价标准"工作表,选中该工作表的 B3:I3 单元格区域,点击"确定"。如图 2-4 所示。

此时,在 C2 单元格中的情况如图 2-5 所示。

图 2-4　人工单价图 3　　　　　　　　图 2-5　人工单价图 4

第六步:在 D2、D3、D4、D5 单元格中分别输入"工长、高级工、中级工、初级工"。

第七步:在 E2 单元格中输入公式:

E2 单元格 = INDEX(人工单价标准! A \$3:I \$18,MATCH(B \$2,人工单价标准! A \$3:A \$18,0) +1,MATCH(C \$2,人工单价标准! A \$3:I \$3,0))

如图 2-6 所示。

图 2-6　E2 单元格中的公式

E3 单元格中的公式可以按住 E2 单元格右下角的" +"往下拉(相当于复制),只是需要把公式中的" +1"改为" +2",E4、E5 单元格的公式类似。

试着改变 B2、C2 的选择,E 列是否能查询出正确的结果,如图 2-7 所示。

图 2-7　人工预算单价查询结果

注意:这里用到了 INDEX( )和 MATCH( )两个函数,下面分别介绍:

INDEX( )函数属于"查找与引用"这一类,它的功能是"在给定的单元格区域中,返回特定行列交叉处单元格的值或引用",如图 2-8 所示。

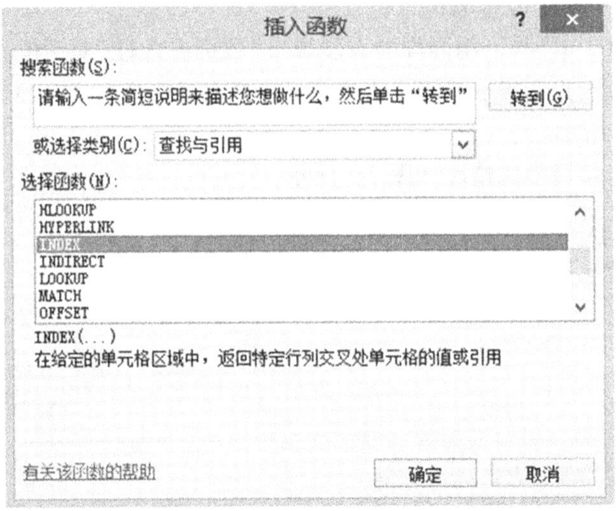

图 2-8　INDEX 函数

INDEX( )函数有两种参数组合方式,我们选第一种,如图 2-9 所示。

第一种参数组合方式的参数如下,如图 2-10 所示。

图 2-9　INDEX 函数的组合方式

图 2-10　INDEX 函数的参数

第一个参数"Array"为单元格区域或数组常量,如{3,4,5}就称作数组常量。

第二个参数"Row_num"为"Array"的行序号。

第三个参数"Column_num"为"Array"的列序号。

如果第一个参数 Array 为{3,4,5},第二个参数"Row_num"为 1,第三个参数"Column_num"为 3,公式可写成"=INDEX({3,4,5},1,3)",返回的值为 5。

显然,在上面第七步 E2 单元格的公式 INDEX(人工单价标准! A \$3:I \$18,MATCH(B \$2,人工单价标准! A \$3:A \$18,0)+1,MATCH(C \$2,人工单价标准! A \$3:I \$3,0))中"人工单价标准! A \$3:I \$18"就是第一个参数"Array",即如图 2-11 所示的区域。

在这个区域当中,如果我们想查找"二类区""枢纽工程""工长"的工资,我们看着这个区域就知道是区域的第 3 行和区域的第 4 列交叉的单元格的值,即"11.98",这是人工查找的方法,如果用公式查找,首先需要找到"枢纽工程"在区域第几行,即 MATCH(B \$2,人工单价标准! A \$3:A \$18,0),"工长"的行号是"枢纽工程"的行号加 1 行。再找到“二类区”在区域第几列，即 MATCH(C $2,人工单价标准！A $3:I $3,0)就行了。这里在查找行号和列号时都用到了 MATCH( )函数，如图 2-12 所示。

| | A | B | C | D | E | F | G | H | I |
|---|---|---|---|---|---|---|---|---|---|
| 1 | 人工预算单价标准 | | | | | | | | |
| 2 | 表2-1 | | | | | | | | 单位：元/工时 |
| 3 | 类别与等级 | 一般地区 | 一类区 | 二类区 | 三类区 | 四类区 | 五类区（西藏二类） | 六类区（西藏三类） | 西藏四类 |
| 4 | 枢纽工程 | | | | | | | | |
| 5 | 工长 | 11.55 | 11.8 | 11.98 | 12.26 | 12.76 | 13.61 | 14.63 | 15.4 |
| 6 | 高级工 | 10.67 | 10.92 | 11.09 | 11.38 | 11.88 | 12.73 | 13.74 | 14.51 |
| 7 | 中级工 | 8.9 | 9.15 | 9.33 | 9.62 | 10.12 | 10.96 | 11.98 | 12.75 |
| 8 | 初级工 | 6.13 | 6.38 | 6.55 | 6.84 | 7.34 | 8.19 | 9.21 | 9.98 |
| 9 | 引水工程 | | | | | | | | |
| 10 | 工长 | 9.27 | 9.47 | 9.61 | 9.84 | 10.24 | 10.92 | 11.73 | 12.11 |
| 11 | 高级工 | 8.57 | 8.77 | 8.91 | 9.14 | 9.54 | 10.21 | 11.03 | 11.4 |
| 12 | 中级工 | 6.62 | 6.82 | 6.96 | 7.19 | 7.59 | 8.26 | 9.08 | 9.45 |
| 13 | 初级工 | 4.64 | 4.84 | 4.98 | 5.21 | 5.61 | 6.29 | 7.1 | 7.47 |
| 14 | 河道工程 | | | | | | | | |
| 15 | 工长 | 8.02 | 8.19 | 8.31 | 8.52 | 8.86 | 9.46 | 10.17 | 10.49 |
| 16 | 高级工 | 7.4 | 7.57 | 7.7 | 7.9 | 8.25 | 8.84 | 9.55 | 9.88 |
| 17 | 中级工 | 6.16 | 6.33 | 6.46 | 6.66 | 7.01 | 7.6 | 8.31 | 8.63 |
| 18 | 初级工 | 4.26 | 4.43 | 4.55 | 4.76 | 5.1 | 5.7 | 6.41 | 6.73 |

**图 2-11　人工预算单价标准中的 Array**

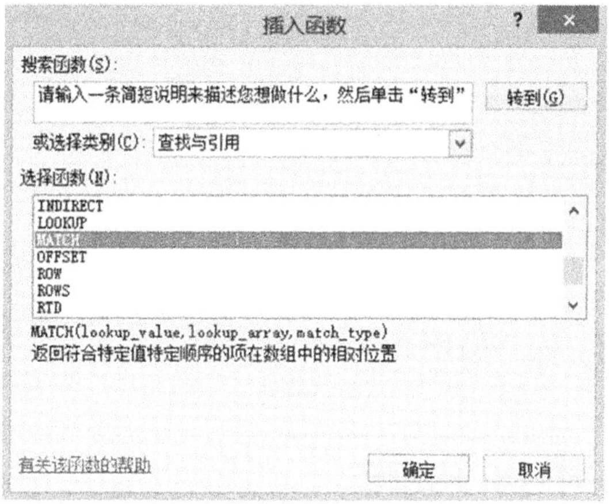


**图 2-12　MATCH 函数**

MATCH( )函数的功能是“返回符合特定值特定顺序的项在数组中的相对位置”，它的参数如下，如图 2-13 所示。

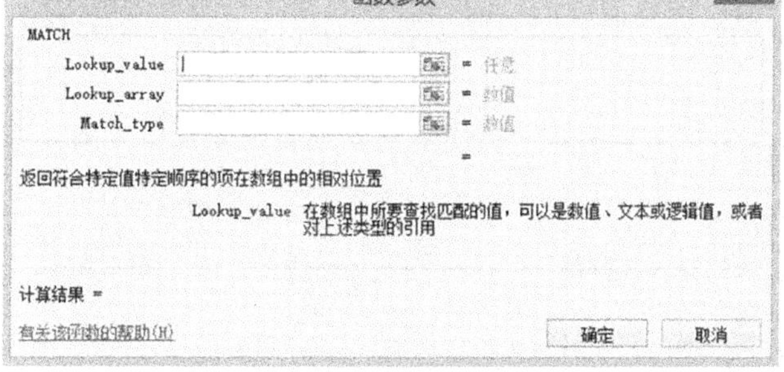


**图 2-13　MATCH 函数的参数**

第一个参数"Lookup_value"为需要查找的值,如"枢纽工程"。

第二个参数"Lookup_array"为含有需要查找的值的连续区域,必须是一行或一列,不能是多行或多列。

第三个参数"Match_type"匹配方式,可参见 Excel 的帮助,我们一般输入 0。

如:公式" = MATCH("枢纽工程",人工单价标准! A $3:A $18,0)"返回值是 2,即要查找的值"枢纽工程"在连续区域人工单价标准! A $3:A $18 这一列的位置是第 2 行。同理,公式" = MATCH("二类区",人工单价标准! A $3:I $3,0)"的返回值是 4,这个 2 和 4 正是 INDEX( )函数的第二个和第三个参数。我们把公式" = MATCH("枢纽工程",人工单价标准! A $3:A $18,0)"中的"枢纽工程"改成"B $2",公式" = MATCH("二类区",人工单价标准! A $3:I $3,0)"中的"二类区"改成"C $2",就能适应"河道工程""引水工程"以及不同的"类区"了。

再看一下这个公式就不难理解了。

INDEX(人工单价标准! A $3:I $18,MATCH(B $2,人工单价标准! A $3:A $18,0) + 1,MATCH(C $2,人工单价标准! A $3:I $3,0))

# 第三章 用 Excel 计算电价、风价、水价

水利工程概预算中的电价、风价、水价计算是指生产用电、风(压缩空气)、水的价格计算,是指直接计入工程成本的价格。包括施工机械、施工照明和其他用于生产的电、风、水。施工现场的生活用电、水的价格不包括在内,是在间接费中列支的。

## 第一节 电 价

电价的计算包括外购电价和自发电价两种电价的计算。就水利工程而言,在一个施工工地要考虑电网供电和自备发电机发电两种电源,以防止由于停电的原因影响施工。在概预算阶段和投标报价时,分别算出这两种电源的价格后,要根据具体工程的实际情况,结合规定和经验给这两种电源设定不同的比例,然后算出综合电价来计入工程单价。例如,外购电算出来是 0.8 元/(kW·h),自发电算出来是 1.2 元/(kW·h),设定用外购电 95%,用自发电 5%,则编制概预算时采用的电价是:$0.8 \times 95\% + 1.2 \times 5\% = 0.82$ 元/(kW·h)。

### 一、外购电价的计算方法

#### (一)外购电价的计算公式

外购电即电网供电,其价格由基本电价、电能损耗费和供电设施维修摊销费组成。计算公式为:

$$外购电价 = 电网基本电价 + 电能损耗费 + 供电设施维修摊销费 =$$

$$\frac{基本电价}{(1 - 高压输电线路损耗率)(1 - 35\,kV\,以下变配电设备及配电线路损耗率)} + 供电设施维修摊销费$$

公式中的电能损耗部分可用图 3-1 简要说明,以便于理解。

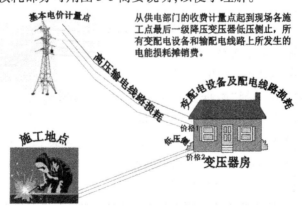

**图 3-1 电能损耗示意图**

这个公式是如何推导来的呢？下面试着推导一下这个公式。

公式推导：

假设价格 1 和价格 2 只考虑线路损耗。从图 3-1 可以看出，基本电价 = 价格 1 - 价格 1 × 高压输电线路损耗率 = 价格 1 × (1 - 高压输电线路损耗率)。

帮助：我们向供电公司缴纳价格 1 的电费，其中高压线路损耗是：价格 1 × 高压输电线路损耗率。

价格 1 = 价格 2 - 价格 2 × 变配电设备及配电线路损耗率 = 价格 2 × (1 - 变配电设备及配电线路损耗率)

所以，基本电价 = 价格 2 × (1 - 变配电设备及配电线路损耗率) × (1 - 高压输电线路损耗率)。

因此，价格 2 = $\dfrac{基本电价}{(1 - 高压输电线路损耗率)(1 - 35\ kV\ 以下变配电设备及配电线路损耗率)}$

所以，外购电价 = 价格 2 + 供电设施维修摊销费 =

$$\dfrac{基本电价}{(1 - 高压输电线路损耗率)(1 - 35\ kV\ 以下变配电设备及配电线路损耗率)} + 供电设施维修摊销费$$

一般高压输电线路损耗率可取 3% ~ 5%，变配电设备及配电线路损耗率可按 4% ~ 7% 计取。线路短、用电负荷集中的取小值，反之取大值。

一般供电设施维修摊销费取 0.04 ~ 0.05 元/(kW·h)。

**(二) 外购电价的 Excel 计算方法**

下面我们用 Excel 来编制外购电的计算。

按照图 3-2 所示在相应单元格中输入相应的文字。

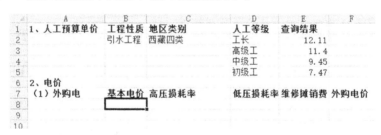

**图 3-2　外购电价图 1**

(1) 选中 B8 单元格，选择"数据"菜单项→选择功能区"数据工具"组的"数据有效性"按钮，在下拉菜单中选择"数据有效性…"项，弹出"数据有效性"对话框。选择"输入信息"选项卡，按照图 3-3 输入相应文字信息，单击"确定"按钮，这时，当选中 B8 单元格时，会出现提示信息，以提示用户在这个单元格如何输入数据。

(2) 同样的方法，在 C8、D8、E8 中分别输

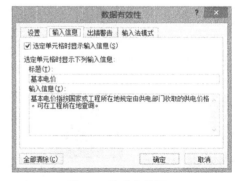

**图 3-3　外购电价图 2**

入的信息是：一般高压输电线路损耗率可取 3%～5%、变配电设备及配电线路损耗率可按 4%～7% 计取、一般供电设施维修摊销费取 0.04～0.05 元/(kW·h)。

(3)F8 中的公式为"=B8/(1-C8/100)/(1-D8/100)+E8"。

## 二、自发电价的计算方法

### (一)自发电价的计算公式

自发电一般为柴油发电机组发电。

柴油发电机组供冷却水的方式有两种：自设水泵供冷却水和采用循环冷却水，其电价计算公式也不同。

(1)当柴油发电机组用自设水泵供冷却水时，电价计算公式为：

$$柴油发电机供电价格=\frac{柴油发电机组(台)时总费用+水泵组(台)时总费用}{柴油发电机额定容量之和\times K}\div$$

$$(1-厂用电率)\div(1-变配电设备及配电线路损耗率)+供电设施维修摊销费$$

(2)当柴油发电机组采用循环冷却水，不用水泵时，电价计算公式为：

$$柴油发电机供电价格=\frac{柴油发电机组(台)时总费用}{柴油发电机额定容量之和\times K}\div$$

$$(1-厂用电率)\div(1-变配电设备及配电线路损耗率)+$$

$$单位循环冷却水费+供电设施维修摊销费$$

式中，$K$ 为发电机出力系数，一般取 0.8～0.85；厂用电率取 3%～5%；单位循环冷却水费取 0.05～0.07 元/(kW·h)；其他同前。

上述两个公式看似复杂，仔细分析一下，实际上公式中仍然包括三个部分：基本价格、损耗的费用、摊销的费用。只是公式中的基本价格需要用发电机组的台时费用和发电机的额定功率进行计算，而不是像外购电那样按照电网的规定查询价格。另外，为什么是组(台)时总费用，因为在施工工地要配置不止一台发电机或水泵。注意第 2 个公式的分母和第 1 个公式的分母是一样的，都不包括水泵的额定容量。

在理解上述公式时，弄清每一项的单位很关键：①柴油发电机组(台)时总费用、水泵组(台)时总费用的单位是元/h；②柴油发电机额定容量的单位是 kW；③厂用电率和损耗率都是百分率，没有单位；④维修摊销费和冷却水费都是摊销到了每度电上了，单位是元/(kW·h)；⑤电价的单位是元/(kW·h)。

### (二)自发电价的 Excel 计算方法

下面我们用 Excel 来编制自发电价的计算。

按照图 3-4 所示在相应单元格中输入相应的文字，数字不要输。

(1)在 A10 单元格中输入选择项"水泵冷却,循环冷却"。

(2)插入一个新工作表改名为"柴油发电机台时费"，依据《水利工程施工机械台时费定额》，按照图 3-5 的格式逐个输入柴油发电机的台时定额。

(3)在"柴油发电机台时费"工作表的 D19 单元格中写入以下公式：

=D5/1.17+D6/1.11+D7+D9*基础单价!＄E＄4+D11*基础单价!＄G＄10

并按拖动复制的办法使 E19～P19 都写入类似的公式，这一行计算的结果就是发电机的台时费。

| | A | B | C | D | E | F | G | H |
|---|---|---|---|---|---|---|---|---|
| 9 | （2）自发电 | 柴油发电机功率 | 柴油发电机台时费 | 水泵型号 | 水泵台时费 | | 柴油单价 | 汽油单价 |
| 10 | 水泵冷却 ▼ | 400kw | 320.09 | 22kw单级离心水泵 | 21.16 | | 3.5 | 5.5 |
| 11 | 水泵冷却 | 发电机出力系数K | 厂用电率 | 低压损耗率 | 维修摊销费 | 循环冷却水费 | | |
| 12 | 循环冷却 | 0.85 | 5 | | 0.05 | 0.07 | | |
| 13 | | 发电机总台时费 | 水泵总台时费 | 发电机总功率 | 自发电价 | | | |
| 14 | | | | | #DIV/0! | | | |
| 15 | （3）综合电价 | 外购电比例（%） | 自发电比例（%） | 综合电价 | | | | |
| 16 | | 95 | | #DIV/0! | | | | |

图 3-4 自发电价图 1

编者注：图中 kw 应为 kW，下同。

| | A E C | | 单位 | D E F G H I J K L M N O | | | | | | | | | | | | P 柴油发电机组 |
|---|---|---|---|---|---|---|---|---|---|---|---|---|---|---|---|---|---|
| 1 | | | | | | | | | 柴油发电机 | | | | | | | | |
| 2 | 项目 | | 单位 | 移动式 | | | | | | 固定式 | | | | | | | 柴油发电机组 |
| 3 | | | | | | | | 功率（kW） | | | | | | | | | |
| 4 | | | | 20kw | 30kw | 40kw | 50kw | 60kw | 85kw | 160kw | 200kw | 250kw | 400kw | 440kw | 480kw | 1000kw |
| 5 | （一） | 折旧费 | 元 | 1.44 | 2.05 | 2.25 | 2.59 | 3.26 | 3.79 | 6.53 | 9.14 | 11.75 | 21.27 | 21.52 | 22.92 | 51.70 |
| 6 | | 修理及替换设备费 | 元 | 3.08 | 4.36 | 5.33 | 5.53 | 6.74 | 7.51 | 9.70 | 11.70 | 12.85 | 23.24 | 27.04 | 27.43 | 45.08 |
| 7 | | 安装拆卸费 | 元 | 0.50 | 0.59 | 0.79 | 0.89 | 1.02 | 1.14 | 1.72 | 1.90 | 2.35 | 4.48 | 4.73 | 5.25 | 7.18 |
| 8 | | 小计 | 元 | 5.02 | 7.00 | 8.37 | 9.01 | 11.02 | 12.44 | 17.95 | 22.74 | 26.95 | 48.99 | 53.29 | 54.70 | 103.96 |
| 9 | | 人工 | 工时 | 1.80 | 1.80 | 1.80 | 1.80 | 2.40 | 2.40 | 3.90 | 3.90 | 3.90 | 5.60 | 5.60 | 5.60 | 6.90 |
| 10 | | 汽油 | kg | | | | | | | | | | | | | |
| 11 | （二） | 柴油 | kg | 4.90 | 7.40 | 9.80 | 11.50 | 13.80 | 18.60 | 33.70 | 37.40 | 46.80 | 66.80 | 73.50 | 80.20 | 167.10 |
| 12 | | 电 | kw.h | | | | | | | | | | | | | |
| 13 | | 风 | m3 | | | | | | | | | | | | | |
| 14 | | 水 | m3 | | | | | | | | | | | | | |
| 15 | | 煤 | kg | | | | | | | | | | | | | |
| 16 | | 备注 | | | | | | | | | | | | | | |
| 17 | | 编号 | | 8027 | 8028 | 8029 | 8030 | 8031 | 8032 | 8033 | 8034 | 8035 | 8036 | 8037 | 8038 | 8039 |

图 3-5 自发电价图 2

编者注：图中 KW、kw 均应为 kW，kw·h 应为 kW·h，m3 应为 m³，下同。

公式说明：施工机械台时费定额的折旧费除以 1.17 调整系数，修理及替换设备费除以 1.11 调整系数，安装拆卸费不变。是根据办水总〔2016〕132 号文件关于营改增后计价依据调整规定。机械台时费中的人工费一般按中级工工资记取，柴油价格在编制主要材料时编制，在讲材料预算价格之前，先在"基础单价"工作表的 G10 中输入柴油的价格。

（4）选中"基础单价"工作表的 B10 单元格，按图 3-6 输入选择项。

图 3-6 自发电价图 3

（5）在"基础单价"工作表的 C10 单元格中写入以下公式：

=INDEX(柴油发电机台时费！A1：P19，19，MATCH(B10，柴油发电机台时费！A4：P4，0))，如图 3-7 所示。

| | A | B | C | D | E | F |
|---|---|---|---|---|---|---|
| | C10 | | $f_x$ | =INDEX(柴油发电机台时费!A1:P19,19,MATCH(B10,柴油发电机台时费!A4:P4,0)) | | |
| 9 | （2）自发电 | 柴油发电机功率 | 柴油发电机台时费 | 水泵型号 | 水泵台时费 | |
| 10 | 水泵冷却 | 400kw | 320.09 | 22kw单级离心水泵 | 21.16 | |

图 3-7 自发电价图 4

在 B10 中选择不同的柴油发电机功率,在 C10 中就可查找出相应的柴油发电机的台时费。

(6)插入一个工作表,改名为"水泵台时费",依据《水利工程施工机械台时费定额》,按照图 3-8 的格式逐个输入水泵的台时定额,共 31 项。

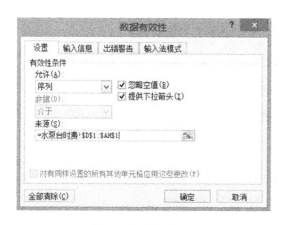

**图 3-8　自发电价图 5**

(7)在"水泵台时费"工作表的 D16 单元格中写入以下公式:

= D2/1.17 + D3/1.11 + D4 + D6 * 基础单价! $E$4 + D9 * 基础单价! $F$8

并按拖动复制的办法使 E16 ~ AH16 都写入类似的公式,这一行计算的结果就是水泵的台时费。

公式说明:"基础单价! $F$8"引用的是算出来的外购电价,因为此时的自发电还没有算出来,但计算水泵台时费时要用到电价。T16 单元格对应的 2.2 ~ 3.7 kW 汽油泵用的是汽油燃料不是电,所以先在"基础单价"工作表的 H10 单元格输入汽油的价格,将其公式改为:

= T2/1.17 + T3/1.11 + T4 + T6 * 基础单价! $E$4 + T7 * 基础单价! $H$10

(8)选中"基础单价"工作表的 D10 单元格,按图 3-9 输入选择项。

点击 D10 单元格下拉箭头时就出现许多水泵型号供选择,如图 3-10 所示。

**图 3-9　自发电价图 6**　　　　　　　　　**图 3-10　自发电价图 7**

（9）在"基础单价"工作表的 E10 单元格中写入以下公式：

= INDEX（水泵台时费！A1：AH16,16,MATCH（D10,水泵台时费！A1：AH1,0））

如图 3-11 所示。

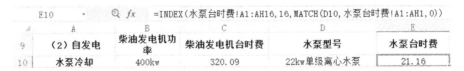

| E10 | | fx | =INDEX(水泵台时费!A1:AH16,16,MATCH(D10,水泵台时费!A1:AH1,0)) | |
|---|---|---|---|---|
| | A | B | C | D | E |
| 9 | （2）自发电 | 柴油发电机功率 | 柴油发电机台时费 | 水泵型号 | 水泵台时费 |
| 10 | 水泵冷却 | 400kw | 320.09 | 22kw单级离心水泵 | 21.16 |

**图 3-11　自发电价图 8**

在 D10 中选择不同的水泵型号，在 E10 中就可查出相应的水泵的台时费。

（10）B12～F12 单元格输入相应的提示信息。

（11）注意：一个工程施工期间不一定只安装一台发电机和一台水泵，往往是发电机组和水泵机组，我们用 Excel 计算的只是一台的台时费，所以"发电机总台时费""水泵总台时费""发电机总功率"还需要用户根据施工组织设计部署的发电机组和水泵机组中发电机及水泵的数量自行计算出来填入 B14、C14 和 D14 单元格。

（12）在 E14 单元格中输入以下公式：

= IF（A10 = "水泵冷却"，（B14 + C14）/（D14 * B12）/（1 - C12/100）/（1 - D12/100）+ E12，B14/（D14 * B12）/（1 - C12/100）/（1 - D12/100）+ E12 + F12）

（13）综合电价。在 D16 单元格中输入以下公式：

= F8 * B16/100 + E14 * C16/100

**练习题：**

某水利工程施工用电 95% 由电网供电，5% 由自备柴油发电机发电。已知电网供电基本电价为 0.35 元/（kW·h）；损耗率高压线路取 5%，变配电设备和输电线路损耗率取 7%，供电设施维修摊销费 0.04 元/（kW·h），厂用电率取为 5%，发电机出力系数 K 取 0.8～0.85。柴油发电机总容量为 1 000 kW，其中 1 台 200 kW，2 台 400 kW，并配备 3 台 7.0 kW 潜水泵，供给冷却水；柴油价格 3.5 元/kg，汽油价格 5.5 元/kg。试计算电网供电、自发电电价和综合电价。答案如图 3-12 所示。

| | A | B | C | D | E | F | G | H |
|---|---|---|---|---|---|---|---|---|
| 6 | 2、电价 | | | | | | | |
| 7 | （1）外购电 | 基本电价 | 高压损耗率 | 低压损耗率 | 维修摊销费 | 外购电价 | | |
| 8 | | 0.35 | | 7 | 0.04 | 0.44 | | |
| 9 | （2）自发电 | 柴油发电机功率 | 柴油发电机台时费 | 水泵型号 | 水泵台时费 | | 柴油单价 | 汽油单价 |
| 10 | 水泵冷却 | 200kw | 180.78 | 7.0kw潜水泵 | 15.80 | | 3.5 | 5.5 |
| 11 | | 发电机出力系数K | 厂用电率 | 低压损耗率 | 维修摊销费 | 循环冷却水费 | | |
| 12 | | 0.85 | 5 | 7 | 0.04 | 0.07 | | |
| 13 | | 发电机总台时费 | 水泵总台时费 | 发电机总功率 | 自发电价 | | | |
| 14 | | 824.32 | 47.4 | 1000 | 1.20 | | | |
| 15 | （3）综合电价 | 外购电比例（%） | 自发电比例（%） | 综合电价 | | | | |
| 16 | | 95 | 5 | 0.47 | | | | |

**图 3-12**

注意：发电机总台时费、水泵总台时费、发电机总功率需要手工将每种型号的台时费记下来，然后根据台数手工计算，也可以在 Excel 的空白处记下来编公式计算，如图 3-13 所示。

| | 200 kW 1 台 | 400 kW 2 台 | 总台时费 |
|---|---|---|---|
| 发电机台时费 | 180.78 | 321.77 | 824.32 |
| 发电机总功率 | 200 | 400 | 1 000 |
| | 7 kW 3 台 | | |
| 水泵台时费 | 15.8 | | 47.4 |

图 3-13

# 第二节 风 价

## 一、风价的计算公式

(1)当空气压缩机系统用自设水泵供冷却水时,风价计算公式为:

$$施工用风价格 = \frac{空气压缩机组(台)时总费用 + 水泵组(台)时总费用}{空气压缩机额定容量之和 \times 60 \text{ min} \times K} \div$$
$$(1 - 供风损耗率) + 供风设施维修摊销费$$

(2)空气压缩机系统如采用循环冷却水,不用水泵,则风价计算公式为:

$$施工用风价格 = \frac{空气压缩机组(台)时总费用}{空气压缩机额定容量之和 \times 60 \text{ min} \times K} \div (1 - 供风损耗率) +$$
$$单位循环冷却水费 + 供风设施维修摊销费$$

$K$ 为能量利用系数,一般取 0.70 ~ 0.85;供风损耗率取 6% ~ 10%;单位循环冷却水费取 0.007 元/m³;供风设施维修摊销费取 0.004 ~ 0.005 元/m³。

与自发电类似,在理解上述公式时,弄清每一项的单位很关键。①空气压缩机组(台)时总费用、水泵组(台)时总费用的单位是元/h,也就是元/60 min,之所以这样变化,是为了与空压机的额定容量单位相适应;②空气压缩机额定容量的单位是 m³/min;③供风损耗率是百分率;④维修摊销费和冷却水费都是摊销到了每立方米风上了,单位是元/m³;⑤风价的单位是元/m³。

## 二、用 Excel 计算风价

(1)在"基础单价"工作表中按图 3-14 所示输入文字,其中 A18 输入"水泵冷却,循环冷却"选择项。

| | A | B | C | D | E | F |
|---|---|---|---|---|---|---|
| 17 | 3、风价 | 空压机型号 | 空压机台时费 | 空压机总台时费 | 水泵总台时费 | 空压机额定出风量之和 |
| 18 | 水泵冷却 | 9.0m3/min电动式空压机 | 39.36 | 1739.07 | 29.08 | 187 |
| 19 | 水泵冷却 | 能量系数K | 供风损耗率 | 维修摊销费 | 循环冷却水费 | 风价 |
| 20 | 循环冷却 | 0.85 | 10 | 0.005 | 0.007 | 0.21 |

图 3-14 风价图 1

(2)插入一个新工作表并改名为"空压机台时费",依据《水利工程施工机械台时费定额》,按照图 3-15、图 3-16 的格式逐个输入柴油发电机的台时定额。

| | 项目 | | 单位 | 0.6m3/min电动移动式空压机 | 3.0m3/min电动移动式空压机 | 6.0m3/min电动移动式空压机 | 9.0m3/min电动移动式空压机 | 3.0m3/min油动移动式空压机 | 6.0m3/min油动移动式空压机 | 9.0m3/min油动移动式空压机 | 17m3/min油动移动式空压机 |
|---|---|---|---|---|---|---|---|---|---|---|---|
| | | 折旧费 | 元 | 0.32 | 1.52 | 2.24 | 3.40 | 1.80 | 3.98 | 5.53 | 11.89 |
| (一) | | 修理及替换设备费 | 元 | 0.89 | 3.13 | 4.59 | 4.91 | 3.51 | 7.14 | 8.83 | 18.38 |
| | | 安装拆卸费 | 元 | 0.10 | 0.43 | 0.67 | 0.85 | 0.58 | 1.05 | 1.39 | 3.12 |
| | | 小计 | 元 | 1.31 | 5.08 | 7.50 | 9.16 | 5.89 | 12.17 | 15.75 | 33.39 |
| | | 人工 | 工时 | 1.30 | 1.30 | 1.30 | 1.30 | 1.30 | 1.30 | 2.40 | 2.40 |
| | | 汽油 | kg | | | | | | | | |
| (二) | | 柴油 | kg | | | | | 4.90 | 12.00 | 17.10 | 24.90 |
| | | 电 | kw.h | 4.20 | 15.10 | 30.20 | 45.40 | | | | |
| | | 风 | m3 | | | | | | | | |
| | | 水 | m3 | | | | | | | | |
| | | 煤 | kg | | | | | | | | |
| | 备注 | | | | | | | | | | |
| | 编号 | | | 8008 | 8009 | 8010 | 8011 | 8012 | 8013 | 8014 | 8015 |
| 空压机台时费 | | | | | | | | | | | |

**图 3-15　风价图 2**

| 20m3/min油动移动式空压机 | 9.0m3/min电动固定式空压机 | 15m3/min电动固定式空压机 | 20m3/min电动固定式空压机 | 40m3/min电动固定式空压机 | 60m3/min电动固定式空压机 | 93m3/min电动固定式空压机 | 103m3/min电动固定式空压机 | 12m3/min油动固定式空压机 |
|---|---|---|---|---|---|---|---|---|
| 19.08 | 2.93 | 4.09 | 5.92 | 11.13 | 13.11 | 18.06 | 20.04 | 4.70 |
| 25.65 | 3.80 | 4.79 | 6.82 | 13.62 | 14.13 | 19.46 | 21.59 | 7.66 |
| 5.01 | 0.54 | 0.75 | 1.01 | 2.33 | 2.54 | 3.50 | 3.88 | 1.10 |
| 49.74 | 7.27 | 9.63 | 13.75 | 27.08 | 29.78 | 41.02 | 45.51 | 13.46 |
| 2.40 | 1.30 | 1.30 | 1.80 | 1.80 | 2.70 | 2.70 | 2.70 | 2.40 |
| | | | | | | | | |
| 38.90 | | | | | | | | 18.90 |
| | 56.70 | 71.80 | 98.30 | 189.00 | 264.60 | 378.00 | 415.80 | |
| | | | | | | | | |
| | | | | | | | | |
| | | | | | | | | |
| 8016 | 8017 | 8018 | 8019 | 8020 | 8021 | 8022 | 8023 | 8024 |

**图 3-16　风价图 3**

(3)在"空压机台时费"工作表的 D16 单元格中写入以下公式:

= D2/1. 17 + D3/1. 11 + D4 + D6 * 基础单价! $E $4 + D9 * 基础单价! $D $16

并按拖动复制的办法使 E16 ~ G16、M16 ~ T16 都写入类似的公式。

在 H16 单元格写入以下公式:

= H2/1. 17 + H3/1. 11 + H4 + H6 * 基础单价! $E $4 + H8 * 基础单价! $G $10

并按拖动复制的办法使 H16 ~ L16 都写入类似的公式。

(4)在"基础单价"工作表 B18 单元格中按图 3-17 的方法写入空压机型号选择项。

(5)在 C18 单元格写入以下公式:

= INDEX(空压机台时费! A1:T16,16,MATCH(B18,空压机台时费! A1:T1,0))

如图 3-18 所示。

注意:"空压机总台时费"项下的 D18 单元格数据由用户根据空压机的数量自行计算,水泵台时费的计算可借用电价计算中的计算器,空压机"额定出风量之和"是指部署的所有空压机的额定出风量(单位:m³/min)相加。

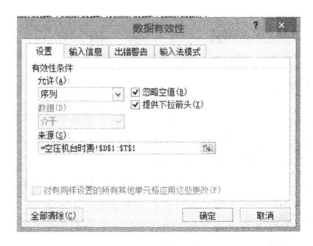

图 3-17　风价图 4

| | A | B | C | D | E | F |
|---|---|---|---|---|---|---|
| 17 | 3、风价 | 空压机型号 | 空压机台时费 | 空压机总台时费 | 水泵总台时费 | 空压机额定出风量之和 |
| 18 | 水泵冷却 | 9.0m3/min电动移动式空压机 | 39.36 | 1739.07 | 29.08 | 187 |
| 19 | | 能量系数K | 供风损耗率 | 维修摊销费 | 循环冷却水费 | 风价 |
| 20 | | 0.85 | 10 | 0.005 | 0.007 | 0.21 |

C18 ✕ fx =INDEX(空压机台时费!A1:T16,16,MATCH(B18,空压机台时费!A1:T1,0))

图 3-18　风价图 5

（6）B20～E20 单元格输入相应的提示信息。

（7）F20 单元格写入以下公式：

＝IF(A18＝"水泵冷却"，(D18＋E18)/(F18＊60＊B20)/(1－C20/100)＋D20，D18/(F18＊60＊B20)/(1－C20/100)＋D20＋E20)

注意：公式中乘以 60 是因为单位换算：空压机出风量的单位是 $m^3/min$，我们要计算的台时费的单位是元/(台·时)。

**练习题：**

某水库大坝施工用风,共设置左坝区和右坝区两个压气系统,总容量为 187 $m^3/min$,配置 40 $m^3/min$ 的固定式空压机 1 台,20 $m^3/min$ 的固定式空压机 6 台,9 $m^3/min$ 的移动式空压机 3 台,冷却用水泵 7 kW 的 2 台。其他资料:空气压缩机能量利用系数 0.85,风量损耗率 10%,供风设施维修摊销率 0.005 元/$m^3$,试计算施工用风风价。

答案如图 3-19 所示。

| | A | B | C | D | E | F |
|---|---|---|---|---|---|---|
| 17 | 3、风价 | 空压机型号 | 空压机台时费 | 空压机总台时费 | 水泵总台时费 | 空压机额定出风量之和 |
| 18 | 水泵冷却 | 20m3/min电动固定式空压机 | 71.37 | 681.75 | 31.6 | 187 |
| 19 | | 能量系数K | 供风损耗率 | 维修摊销费 | 循环冷却水费 | 风价 |
| 20 | | 0.85 | 10 | 0.005 | 0.007 | 0.09 |

图 3-19

# 第三节　水　价

## 一、水价的计算公式

施工用水价格由基本水价、供水损耗摊销费和供水设施维修摊销费组成。

基本水价是根据施工组织设计确定的按施工高峰用水所配置的供水系统设备(不含备用设备),按台班产量计算的单位水量价格。

供水损耗摊销费是指施工用水在储存、输送、处理过程中造成的水量损失,用损耗率表示。

供水设施维修摊销费是指摊入水价的蓄水池、供水管路的单位维护修理费用。

$$施工用水价格 = \frac{水泵组(台)时总费用}{水泵额定容量之和 \times K} \div (1 - 供水损耗率) + 供水设施维修摊销费$$

式中:$K$ 为能量利用系数,一般取 $0.75 \sim 0.85$;供水损耗率取 $6\% \sim 10\%$;供水设施维修摊销费取 $0.04 \sim 0.05$ 元/$m^3$。

在理解上述公式时,弄清每一项的单位同样很关键。①水泵组(台)时总费用的单位是元/h;②此处水泵的额定容量指的是水泵的额定出水量,单位是 $m^3$/h;③供水损耗率是百分率;④维修摊销费单位是元/$m^3$;⑤水价的单位是元/$m^3$。

水价计算中应注意下列问题:

(1)公式分母中"水泵额定容量之和"即水泵的额定出水量之和,而不是施工中的设计用水量。

(2)供水系统为一级供水时,台时额定总出水量按全部工作水泵的额定总出水量之和计。

(3)供水系统为多级供水且没有储蓄水池时,供水全部通过最后一级水泵,台时总出水量按最后一级水泵的额定出水量计,而台时总费用应为所有各级工作水泵的台时费之和。

(4)供水系统为多级供水时,但供水过程中有分流,分出去的水不通过最后一级水泵,而由其他各级分别供出或每一级都有储蓄水池,此时应分别计算各级的水价,然后根据各级的设计供水量和总供水量,算出各级的供水比例,最后按各级的水价和供水比例加权计算综合水价。

(5)在计算台时总出水量和总费用时,在总水量中如不包括备用水泵的出水量,则台时费中也不应包括备用水泵的台时费,反之,如计入备用水泵的额定出水量,在台时总费用中也应计入备用水泵的台时费。一般不计备用水泵。

(6)计算水泵台时的总出水量,宜根据施工组织设计配备的水泵型号、系统的实际扬程和水泵性能曲线确定,对施工组织设计提出的台时出水量,也应按上述方法进行验证,如相差较远,应在出水量或设备型号,数量上作适当调整(反馈到施工设计调整),使之基本一致、合理。

## 二、用 Excel 计算水价

（1）按照图 3-20 的格式输入相应的文字，数字不要输。

| | A | B | C | D | E | F | G | H |
|---|---|---|---|---|---|---|---|---|
| 21 | 4、水价 | 水泵台时总费用 | 水泵额定容量之和 | 能量系数K | 供水损耗率 | 维修摊销费 | 水价 | 采用价 |
| 22 | | 40 | 28 | 0.85 | 0.1 | 0.05 | 1.73 | |

**图 3-20 水价图 1**

（2）"水泵台时总费用"可借助电价的计算器，在 D22、E22、F22 单元格中输入相应的提示信息。

（3）在 G22 单元格中写入以下公式：

$= B22/(C22*D22)/(1 - E22/100) + F22$

**练习题：**

某水利工程施工用水设一个取水点三级供水，各级泵站出水口处均设有调节水池，供水系统主要技术指标如表 3-1 所示。水泵出力系数 $K$ 取 0.80，水量损耗率取 8%，供水设施维修摊销费取 0.04 元/m³（提示：在计算综合单价时一并考虑），试计算施工用水综合单价。电价为 0.47 元/(kW·h)。

**解：**供水系统为多级供水且都有蓄水池，此时应分别累加计算各级的水价，然后根据各级的设计供水量和总供水量，算出各级的供水比例，最后按各级的水价和供水比例加权计算综合水价。

答案如表 3-2 所示。

**表 3-1**

| 位置 | 水泵型号 | 电机功率<br>（kW） | 台数<br>（台） | 设计扬程<br>（m） | 水泵额定流量<br>（m³/h） | 设计用水量<br>（m³/组时） |
|---|---|---|---|---|---|---|
| 一级泵站 | 14sh – 13 | 230 | 4 | 43 | 972 | 600 |
| 二级泵站 | 12sh – 9A | 135 | 3 | 35 | 892 | 1 700 |
| 三级泵站 | D155 – 30×5 | 100 | 1 | 140 | 155 | 100 |
| 小计 | | | | | | 2 400 |

**表 3-2**

| 参数<br>泵站 | 水泵型号 | 电机功率<br>（kW） | 台数<br>（台） | 设计扬程<br>（m） | 水泵额定流量<br>（m³/h） | 设计用水量<br>（m³/组时） | 供水比例<br>（%） |
|---|---|---|---|---|---|---|---|
| 一级泵站 | 14sh – 13 | 230 | 4 | 43 | 972 | 600 | 25 |
| 二级泵站 | 12sh – 9A | 135 | 3 | 35 | 892 | 1 700 | 71 |
| 三级泵站 | D155 – 30×5 | 100 | I | 140 | 155 | 100 | 4 |
| 小计 | | | | | | 2 400 | |

| 参数<br>泵站 | 水泵台时费 | 台数 | 总台时费 | 水泵额定<br>流量之和 | 本级成本 | 水价 | |
|---|---|---|---|---|---|---|---|
| | | | | | | 累加 | 结果 |
| 一级泵站 | 131.14 | 4 | 524.56 | 3 888 | 0.21 | 0.21 | 0.21 |
| 二级泵站 | 83.64 | 3 | 250.92 | 2 676 | 0.39 | 0.21 + 0.39 | 0.60 |
| 三级泵站 | 70.14 | 1 | 70.14 | 155 | 0.61 | 0.60 + 0.61 | 1.21 |
| 综合水价 = 0.21×25% + 0.60×71% + 1.21×4% = 0.53 | | | | | | | 0.35 |

# 第四章　用 Excel 计算材料价格和机械台时费

## 第一节　材料价格的计算

### 一、工程材料的分类

在做概预算时,为了简化计算,把工程材料分为主要材料和次要材料(次要材料是主要材料以外的其他材料)。主要材料是用量多,影响工程投资大的材料,这些材料的价格算得仔细一些。常见的主要材料如钢材、木材、水泥、粉煤灰、油料、火工产品、电缆及母线等。主要材料以外的其他材料虽然很多,但用量较少,算价格的时候可以简化一些。

一个水利工程整个施工过程中会用到很多材料,我们很难在做概预算前就能把所有材料都列出来,这些材料都含在定额子目中,所以做概预算时在项目划分后先套定额子目,在套的定额中把用到的材料统计下来,把用量较多、影响工程投资较大的材料列为主要材料,按照主要材料预算价格的计算方法计算主要材料的价格。主要材料以外的其他材料作为次要材料,按照次要材料预算价格的计算方法计算次要材料价格。

### 二、主要材料价格

主要材料预算价格 = 材料原价 + 包装费 + 运杂费 + 采购及保管费 + 运输保险费
　　　= (材料原价 + 包装费 + 运杂费) × (1 + 采购及保管费率) + 运输保险费

(1)材料原价:按工程所在地发布的信息价或向发货商询价。

(2)包装费:按实际或有关规定计算。

(3)运杂费:公路及水路按当地交通部门现行规定计算,铁路运输按铁道部门规定计算。

①运价:交通部门规定的运价单位为元/(t·km)。

②运费:运费单位为元/t,运费(元/t) = 运价(元/(t·km)) × 运距(km)。

③运杂费:运杂费 = 运费(元/t) × 单位毛重(t/单位)。

(4)运输保险费:按当地或中国人民保险公司的有关规定计算,一般按保险费率计算。

$$运输保险费 = 材料原价 × 运输保险费费率$$

(5)采购及保管费:按材料运到工地仓库的价格(不包括运输保险费)的费率计算。

营改增后,材料原价、运杂费、运输保险费和采购及保管费等分别按不含增值税进项税额的价格计算。采购及保管费,按现行计算标准乘以 1.10 调整系数,如表 4-1 所示(营改增后,采购及保管费率,按表 4-1 计算标准再乘以 1.10 调整系数)。

**表4-1　采购及保管费率表**

| 序号 | 材料名称 | 费率（%） |
|---|---|---|
| 1 | 水泥、碎(砾)石、砂 | 3 |
| 2 | 钢材 | 2 |
| 3 | 油料 | 2 |
| 4 | 其他材料 | 2.5 |

主要材料基价如表4-2所示。

**表4-2　主要材料基价表**

| 序号 | 材料名称 | 单位 | 基价(元) |
|---|---|---|---|
| 1 | 柴油 | t | 2 990 |
| 2 | 汽油 | t | 3 075 |
| 3 | 钢筋 | t | 2 560 |
| 4 | 水泥 | t | 255 |
| 5 | 炸药 | t | 5 150 |
| 6 | 砂、碎石(砾石)、块石、料石 | $m^3$ | 70 |
| 7 | 商砼① | $m^3$ | 200 |

注：①商砼即商业混凝土。

## 三、利用 Excel 表格计算主要材料价格

主要材料预算价格的计算关键在运杂费的计算。先看例题：

某水利枢纽工程所用钢筋从一大型钢厂供应，火车整车运输。普通 A3 φ 16 ～ 18 mm 光面钢筋占 35%，低合金 20MnSiB20 – 25mm 螺纹钢占 65%。

按下列已知条件，计算钢筋预算价格。

1. 出厂价(判断代表规格后选用)

出厂价如表4-3所示。

**表4-3**

| 名称及规格 | 单位 | 出厂价(元) |
|---|---|---|
| A3 φ 10 mm 以下 | t | 2 250 |
| A3 φ 16 ～ 18 mm | t | 2 150 |
| 20MnSiB25 mm 以外 | t | 2 350 |
| 20MnSiB20 ～ 25 mm | t | 2 400 |

2. 运输方式及距离

钢厂 —火车 490 km→ 转运站 —汽车 10 km→ 总仓库 —汽车 8 km→ 分仓库 —汽车 2 km→ 施工现场

3. 运价

(1)铁路。

①运价号：钢筋整车运价号为5。

②运价(摘录):如表4-4所示。

表4-4 运价

| 类别 | 运价号 | 基价 | | 运价 | |
|---|---|---|---|---|---|
| | | 单位 | 标准 | 单位 | 标准 |
| 整车 | 4 | 元/t | 6.8 | 元/(t·km) | 0.311 |
| | 5 | 元/t | 7.6 | 元/(t·km) | 0.034 8 |

③铁路建设基金:0.025 元/(t·km),上站费:1.8 元/t。

④其他:装载系数0.9,整车卸车费1.15 元/t。

(2)公路。

①汽车运价0.55 元/(t·km)。

②转运站费用4 元/t。

③汽车装车费2 元/t,卸车费1.6 元/t。

(3)运输保险费率:8‰。

(4)毛重系数为1。

解答:

(1)材料原价 = 2 150.00 ×35% + 2 400.00 ×65% = 2 312.50(元/t)

(2)运费

①铁路

$$\text{铁路运费} = \underset{\text{上站费}}{1.8} + [\underset{\text{基价}}{7.60} + \underset{\text{运价}}{(0.034\,8 + 0.025)} \times 490] \div 0.9 + \underset{\text{卸车费}}{1.15} = 43.95\,(\text{元/t})$$

②公路

$$\text{公路运费} = \underset{\text{转站费}}{4.00} + \underset{\text{运价}}{0.55} \times \underset{\text{运距}}{(10+8)} + \underset{\text{装车费/卸车费}}{(2.00+1.60)} \times \underset{\text{装卸次数}}{2} = 21.10\,(\text{元/t})$$

综合运杂费 = (43.95 + 21.10) ×1 = 65.05(元/t)

(3)运输保险费 = 2 312.50 ×8‰ = 18.50(元/t)

(4)钢筋预算价格 = (原价 + 运杂费) ×(1 + 采购及保管费率) + 运输保险费

= (2 312.50 + 65.05) ×(1 + 3%) + 18.50

= 2 467.38(元/t)

毛重系数的单位为 t/单位,此处"单位"指材料原价中的单位,材料原价为元/单位。

接前面 Excel 表,插入一个工作表,改名为"材料预算价格表",按照图 4-1 输入相应的文字,数字不输。

表中 G ~ R 列隐藏的表格如图 4-2 所示。

材料预算价格表　　　　　　　　　　　　　　　　　元/单位

| 材料编号 | 材料名称及规格 | 单位 | 原价 | 单位毛重 | 包装费 | 运杂费 | | 采保费 | | 运输保险费 | | 预算价 | 基价 | 价差 | 扣除价差的预算价 |
|---|---|---|---|---|---|---|---|---|---|---|---|---|---|---|---|
| | | | | | | 运杂费 | 费率% | 采保费 | 费率% | 运保费 | | | | | |
| ZC1 | 钢筋 | t | 2312.5 | 1 | | 65.05 | 3 | 78.46 | 0.8 | 18.5 | 2474.51 | 2560 | 0 | 2474.51 |
| ZC2 | 水泥32.5 | t | 330 | | | | | | | | 330.00 | 255 | 75 | 255.00 |
| ZC3 | 水泥42.5 | t | 380 | | | | | | | | 380.00 | 255 | 125 | 255.00 |
| ZC4 | 石子 | m3 | 85 | | | | | | | | 85.00 | 70 | 15 | 70.00 |
| ZC5 | 砂子 | m3 | 72 | | | | | | | | 72.00 | 70 | 2 | 70.00 |
| ZC6 | 外加剂 | kg | 235 | | | | | | | | 235.00 | | 0 | 235.00 |

图 4-1　材料预算价格 1

材料预算价格表

| | | | 运杂费 | | | | | | | | |
|---|---|---|---|---|---|---|---|---|---|---|---|
| | | | 火车 | | | | | 汽车 | | | |
| 上站费 | 装卸费 | 基价 | 运价 | 运距 | 装载系数 | 运费 | 转站费 | 装卸费 | 运价 | 运距 | 运费 |
| 1.8 | 1.15 | 7.6 | 0.0598 | 490 | 0.9 | 43.95 | 4 | 7.2 | 0.55 | 18 | 21.10 |

图 4-2　材料预算价格 2

M5 单元格公式为：$= G5 + H5 + (I5 + J5 * K5)/L5$

R5 公式为：$= N5 + O5 + P5 * Q5$

S5 公式为：$= (M5 + R5) * E5$

U5 公式为：$= (D5 + F5 + S5) * T5 * 1.1/100$

W5 公式为：$= D5 * V5/100$

X5 公式为：$= D5 + F5 + S5 + U5 + W5$

Z5 公式为：

$= VALUE(IF(Y5 = "",0,IF(D5 + F5 + S5 + U5 + W5 < = Y5,0,D5 + F5 + S5 + U5 + W5 - Y5)))$

### 四、次要材料价格

可参考工程所在地区的工业与民用建筑安装工程材料预算价格或信息价。在信息价中查出价格后可直接填入图 4-1 材料预算价格表中的预算价这一列。

# 第二节　机械台时费的计算

### 一、机械台时费

施工机械台时费由第一类费用和第二类费用组成。

（1）第一类费用为摊销的费用，由折旧费、修理及替换设备费（大修费、经常性修理费）、安装拆卸费组成。

第一类费用在定额中以金额形式表示，价格水平为 2000 年。

（2）第二类费用为消耗的费用，由机上人工费、动力燃料费、养路费及车船使用费组成。

目前水利工程台时费的计算方法采用查定额的方法。

现行定额是水利部 2002 年颁发的《水利工程施工机械台时费定额》。

营改增后,施工机械台时费定额的折旧费除以 1.15 调整系数,修理及替换设备费除以 1.11 调整系数,安装拆卸费不变。

【例 4-1】 试根据《水利工程施工机械台时费定额》计算某枢纽工程中的施工机械:2 m³ 液压单斗挖掘机、15 t 自卸汽车、74 kW 推土机、88 kW 推土机、132 kW 推土机的台时费。已知:柴油的预算价格 2.8 元/kg、电的预算价格 0.6 元/(kW·h)。

解:查《水利工程施工机械台时费定额》,其中人工费按枢纽工程中级工计算。具体计算结果分列如下:

(1)查得 2 m³ 液压单斗挖掘机台时费定额编号为 1011,15 t 自卸汽车的台时费定额编号为 3017。

查得 74 kW、88 kW、132 kW 推土机台时费定额编号分别为 1043、1044、1047。

(2)计算台时费如表 4-5 所示(营改增前),营改增后可根据调整系数自行计算。

**表 4-5 台时费计算结果**

| 定额编号 | | | 1011 | | 3017 | | 1043 | | 1044 | | 1047 | |
|---|---|---|---|---|---|---|---|---|---|---|---|---|
| 机械名称 | | | 2 m³ 液压单斗挖掘机 | | 15 t 自卸汽车 | | 74 kW 推土机 | | 88 kW 推土机 | | 132 kW 推土机 | |
| 项目 | | 单价(元) | 定额 | 合计(元) | 定额 | 合计(元) | 定额 | 合计(元) | 定额 | 合计(元) | 定额 | 合计(元) |
| (一) | 折旧费 | 元 | | 89.06 | 89.06 | 42.67 | 42.67 | 19.00 | 19.00 | 26.72 | 26.72 | 43.54 | 43.54 |
| | 修理及替换设备费 | 元 | | 54.68 | 54.68 | 29.87 | 29.87 | 22.81 | 22.81 | 29.07 | 29.07 | 44.24 | 44.24 |
| | 安装拆卸费 | 元 | | 3.56 | 3.56 | | | 0.86 | 0.86 | 1.06 | 1.06 | 1.72 | 1.72 |
| | 小计 | | | 147.30 | 147.30 | | 72.54 | | 42.67 | | 56.85 | | 89.50 |
| (二) | 人工 | 工时 | 5.62 | 2.70 | 15.17 | 1.30 | 7.31 | 2.40 | 13.49 | 2.40 | 13.49 | 2.40 | 13.49 |
| | 柴油 | kg | 2.80 | 20.20 | 56.56 | 13.10 | 36.68 | 10.60 | 29.68 | 12.60 | 35.28 | 18.90 | 52.92 |
| | 小计 | | | | 71.73 | | 43.99 | | 43.17 | | 48.77 | | 66.41 |
| 合计 | | | | | 219.03 | | 116.53 | | 85.84 | | 105.62 | | 155.91 |

该定额子目编号按以下方式排列:

| 土石方机械 | 1001~1138 | |
|---|---|---|
| 混凝土机械 | 2001~2017 | 452个 |
| 运输机械 | 3001~3207 | |
| 起重机械 | 4001~4177 | |
| 砂石料加工机械 | 5001~5100 | 315个 |
| 钻孔灌浆机械 | 6001~6038 | |
| 工程船舶 | 7001~7212 | |
| 动力机械 | 8001~8039 | 477个 |
| 其他机械 | 9001~9226 | |

## 二、利用 Excel 表格计算机械台时费

利用 Excel 表格计算台时费比较简单,把所有的机械台时定额都输到一张 Excel 表格中,编制加减乘除的公式,就能把所有的机械台时费计算出来,以备引用,可参考随书赠送的 Excel 表格,或参考图 3-5、图 3-8 和机械定额自行编制。

# 第五章　用 Excel 计算混凝土材料价格

在编制有关混凝土工程的工程单价时,定额中是把混凝土当作一种材料来对待的,称为混凝土材料。我们知道,混凝土是由水泥、砂子、石子和水(有的还掺添加剂)组成的,所以混凝土材料是由几种材料复合而成的一种材料。这种材料的单价是多少,如何编制这种材料的预算价格,这一章就要来解决这个问题。

很显然,混凝土材料的单价是由水泥、砂子、石子和水以及添加剂的数量和价格决定的。

水泥、砂子、石子、水、添加剂在前面材料预算价格编制中我们已经知道如何计算它们的价格。现在问题的关键是 1 m³ 混凝土需要多少水泥、砂子、石子、水和添加剂,需要多少? 这是一个量的问题,这个量叫作混凝土材料的预算量。

在工程中,水工建筑物不同部位的重要性不同,所承担的任务不同,所以每个部位混凝土设计的强度和级配(级配与混凝土构件的尺寸有关)是不一样的。不同强度混凝土的水泥、砂子、石子的预算量是不一样的,所以不同强度、不同级配混凝土的单价也不一样。因此,根据工程需要,我们应当把设计中用到的所有强度和级配的混凝土材料的单价都做出来。

同一强度的混凝土中各种材料的用量与水泥的强度等级、水灰比、级配、配合比有关。计算混凝土中各种材料的用量有两种方法:一个是计算配合比,一个是查定额。

做概算的目的是申报项目,国家控制工程投资,并不是实际招标投标的报价。因此,概算编制只讲查定额的方法。在水利部《水利建筑工程概算定额(下册)》附录 7 中给出了混凝土、砂浆配合比及材料用量表。我们可以借助附录 7 计算各种混凝土的单价。如表 5-1 所示。

**表 5-1　纯混凝土材料配合比及材料用量**　　　　　　　　(单位:m³)

| 序号 | 混凝土强度等级 | 水泥强度等级 | 水灰比 | 级配 | 最大粒径(mm) | 配合比 | | | 预算量 | | | | | |
|---|---|---|---|---|---|---|---|---|---|---|---|---|---|---|
| | | | | | | 水泥 | 砂 | 石子 | 水泥(kg) | 粗砂(kg) | (m³) | 卵石(kg) | (m³) | 水(m³) |
| 1 | C10 | 32.5 | 0.75 | 1 | 20 | 1 | 3.69 | 5.05 | 237 | 877 | 0.58 | 1 218 | 0.72 | 0.170 |
| | | | | 2 | 40 | 1 | 3.92 | 6.45 | 208 | 819 | 0.55 | 1 360 | 0.79 | 0.150 |
| | | | | 3 | 80 | 1 | 3.78 | 9.33 | 172 | 653 | 0.44 | 1 630 | 0.95 | 0.125 |
| | | | | 4 | 150 | 1 | 3.64 | 11.65 | 152 | 555 | 0.37 | 1 792 | 1.05 | 0.110 |
| 2 | C15 | 32.5 | 0.65 | 1 | 20 | 1 | 3.15 | 4.41 | 270 | 853 | 0.57 | 1 206 | 0.70 | 0.170 |
| | | | | 2 | 40 | 1 | 3.20 | 5.57 | 242 | 777 | 0.52 | 1 367 | 0.81 | 0.150 |
| | | | | 3 | 80 | 1 | 3.09 | 8.03 | 201 | 623 | 0.42 | 1 635 | 0.96 | 0.125 |
| | | | | 4 | 150 | 1 | 2.92 | 9.89 | 179 | 527 | 0.36 | 1 799 | 1.06 | 0.110 |

续表 5-1

| 序号 | 混凝土强度等级 | 水泥强度等级 | 水灰比 | 级配 | 最大粒径(mm) | 配合比 | | | 预算量 | | | | | |
| | | | | | | 水泥 | 砂 | 石子 | 水泥(kg) | 粗砂(kg) | 粗砂(m³) | 卵石(kg) | 卵石(m³) | 水(m³) |
|---|---|---|---|---|---|---|---|---|---|---|---|---|---|---|
| 3 | C20 | 32.5 | 0.55 | 1 | 20 | 1 | 2.48 | 3.78 | 321 | 798 | 0.54 | 1 227 | 0.72 | 0.170 |
| | | | | 2 | 40 | 1 | 2.53 | 4.72 | 289 | 733 | 0.49 | 1 382 | 0.81 | 0.150 |
| | | | | 3 | 80 | 1 | 2.49 | 6.80 | 238 | 594 | 0.40 | 1 637 | 0.96 | 0.125 |
| | | | | 4 | 150 | 1 | 2.38 | 8.55 | 208 | 498 | 0.34 | 1 803 | 1.06 | 0.110 |
| | | 42.5 | 0.6 | 1 | 20 | 1 | 2.8 | 4.08 | 294 | 827 | 0.56 | 1 218 | 0.71 | 0.170 |
| | | | | 2 | 40 | 1 | 2.89 | 5.20 | 261 | 757 | 0.51 | 1 376 | 0.81 | 0.150 |
| | | | | 3 | 80 | 1 | 2.82 | 7.37 | 218 | 618 | 0.42 | 1 627 | 0.95 | 0.125 |
| | | | | 4 | 150 | 1 | 2.73 | 9.29 | 191 | 522 | 0.35 | 1 791 | 1.05 | 0.110 |

注:本表仅摘录了定额附录的一部分。

# 第一节　混凝土材料单价的计算原理

《水利建筑工程概算定额(下册)》附录 7 中混凝土配合比表是卵石、粗砂混凝土,如改用碎石或细砂,按表 5-2 系数换算。

表 5-2　骨料不同混凝土配合比换算系数

| 项目 | 水泥 | 砂 | 石子 | 水 |
|---|---|---|---|---|
| 卵石换为碎石 | 1.10 | 1.10 | 1.06 | 1.10 |
| 粗砂换为中砂 | 1.07 | 0.98 | 0.98 | 1.07 |
| 粗砂换为细砂 | 1.10 | 0.96 | 0.97 | 1.10 |
| 粗砂换为特细砂 | 1.16 | 0.90 | 0.95 | 1.16 |

注:水泥按重量计,砂、石子、水按体积计。

【例 5-1】　某水利工程设计采用 2 级配 C20 混凝土闸墩,C10 混凝土地面。若当地材料预算价为:①32.5# 水泥 300 元/t,卵石 45 元/m³,粗砂 50 元/m³,水 0.75 元/m³;②32.5# 水泥 300 元/t,碎石 72 元/m³,中砂 60 元/m³,水 0.75 元/m³。试分别计算混凝土材料单价。

**解**:(1)查定额附录 7 相应表格,找出 2 级配 C20 混凝土、2 级配 C10 混凝土中各种材料的预算量,结合题目中给出的当地材料价格,列出表 5-3。其中水泥的基价是 255 元/t,而预算价是 300 元/t,所以需要调差。

表 5-3　混凝土材料单价计算表

| 混凝土强度等级 | 水泥标号 | 级配 | 水泥 | | 卵石 | | 粗砂 | | 水 | | 预算价(元/m³) | 价差(元/m³) |
| | | | 0.30 | 0.255 | 45 | | 50 | | 0.75 | | | |
| | | | 预算量(kg) | 价格(元) | 预算量(m³) | 价格(元) | 预算量(m³) | 价格(元) | 预算量(m³) | 价格(元) | | |
|---|---|---|---|---|---|---|---|---|---|---|---|---|
| C10 | 32.5 | 2 | 208 | 53.04 | 0.79 | 35.55 | 0.55 | 27.50 | 0.15 | 0.11 | 116.20 | 9.36 |
| C20 | 32.5 | 2 | 289 | 86.70 | 0.81 | 36.45 | 0.49 | 24.50 | 0.15 | 0.11 | 147.76 | |

（2）水泥需要调差，碎石的市场价为 72 元/m³，碎石基价是 70 元/m³ 计算，价差 72 - 70 = 2（元/m³），碎石也需要调差，所以价差列是这两种材料的价差合计。列在计算出的混凝土材料预算价的后面备用。

另外，卵石换为碎石，粗砂换为中砂，各材料的预算量要进行调整，根据表 5-2，调整系数为：水泥：1.1 × 1.07 = 1.177，砂：1.1 × 0.98 = 1.078，石子：1.06 × 0.98 = 1.039，水 1.1 × 1.07 = 1.177。

因此，2 级配 C10 混凝土各材料预算量分别为：水泥 208 × 1.177 = 244.82（kg），石子 0.79 × 1.039 = 0.82（m³），砂 0.55 × 1.078 = 0.59（m³），水 0.15 × 1.177 = 0.18（m³）。

则混凝土材料预算价 = 244.82 × 0.255 + 0.82 × 70 + 0.59 × 60 + 0.18 × 0.75 = 1 155.36（元/m³）。

价差 = 245 × 0.045 + 0.82 × 2 = 12.657（元/m³）。同理可求出 C20 混凝土材料单价和价差。将各计算数据填入表 5-4 中。

表 5-4　混凝土材料单价计算表

| 混凝土强度等级 | 水泥标号 | 级配 | 水泥 | | 碎石 | | 中砂 | | 水 | | 预算价 | 价差 |
| | | | 0.3 | 0.255 | 72 | 70 | 60 | | 0.75 | | | |
| | | | 预算量（kg） | 价格（元） | 预算量（m³） | 价格（元） | 预算量（m³） | 价格（元） | 预算量（m³） | 价格（元） | （元/m³） | （元/m³） |
| C10 | 32.5 | 2 | 245 | 62.43 | 0.82 | 57.40 | 0.59 | 35.40 | 0.18 | 0.14 | 155.36 | 12.657 |
| C20 | 32.5 | 2 | 338 | 86.223 | 0.84 | 58.91 | 0.53 | 31.96 | 0.18 | 0.13 | 177.22 | 16.90 |

用 Excel 计算纯混凝土材料单价：

（1）插入一个工作表，并改名为"混凝土材料预算量"，完全按照表 5-5 的格式输入文字和数据。

（2）再插入一个工作表，改名为"混凝土单价汇总表"，并按表 5-6 的格式编制表格。然后在该工作表中 O ~ S 列按表 5-7 的格式编制另一个表格。

（3）选中 G3 单元格，点击"数据"→"数据有效性"，弹出"数据有效性"对话框，在"来源"中写入粗砂（m³）、中砂（m³）、细砂（m³）、特细砂（m³），最好到表 5-7 去复制，如：选中 O8 单元格，双击，选中"粗砂（m³）"后按 Ctrl + C 就复制到剪贴板，然后到"来源"中按 Ctrl + V 粘贴。这样能保证文字的一致性，不易出错。

同样，在 I3 单元格"来源"中写入卵石（m³）、碎石（m³）

（4）在以下单元格中写入公式：

D4 单元格：= 混凝土材料预算量！G5

F4 单元格：= 混凝土材料预算量！I5

H4 单元格：= 混凝土材料预算量！K5

J4 单元格：= 混凝土材料预算量！L5

同时选中这些单元格往下拖动，把公式全复制下来，这样这些单元格中就把"混凝土材料预算量"工作表中的预算量都导入过来了。

（5）在以下单元格中写入公式：

E4 单元格：= D4 * VLOOKUP（$G $3，$O $3：$S $8,2,FALSE）* VLOOKUP（$I $

3,$O $3:$S $8,2,FALSE)

表5-5　　　　纯混凝土材料用量表　　　　单位：m³

| 序号 | 混凝土强度等级 | 水泥强度等级 | 水灰比 | 级配 | 最大粒径 (mm) | 预算量 水泥 (kg) | 粗砂 (kg) | 粗砂 (m³) | 卵石 (kg) | 卵石 (m³) | 水 (m³) |
|---|---|---|---|---|---|---|---|---|---|---|---|
| | | | | 1 | 20 | 237 | 877 | 0.58 | 1218 | 0.72 | 0.170 |
| 1 | C10 | 32.5 | 0.75 | 2 | 40 | 208 | 819 | 0.55 | 1360 | 0.79 | 0.150 |
| | | | | 3 | 80 | 172 | 653 | 0.44 | 1630 | 0.95 | 0.125 |
| | | | | 4 | 150 | 152 | 555 | 0.37 | 1792 | 1.05 | 0.110 |
| | | | | 1 | 20 | 270 | 853 | 0.57 | 1206 | 0.7 | 0.170 |
| 2 | C15 | 32.5 | 0.65 | 2 | 40 | 242 | 777 | 0.52 | 1367 | 0.81 | 0.150 |
| | | | | 3 | 80 | 201 | 623 | 0.42 | 1635 | 0.96 | 0.125 |
| | | | | 4 | 150 | 179 | 527 | 0.36 | 1799 | 1.06 | 0.110 |
| | | | | 1 | 20 | 321 | 798 | 0.54 | 1227 | 0.72 | 0.170 |
| | | 32.5 | 0.55 | 2 | 40 | 289 | 733 | 0.49 | 1382 | 0.81 | 0.150 |
| | | | | 3 | 80 | 238 | 594 | 0.40 | 1637 | 0.96 | 0.125 |
| 3 | C20 | | | 4 | 150 | 208 | 498 | 0.34 | 1803 | 1.06 | 0.110 |
| | | | | 1 | 20 | 294 | 827 | 0.56 | 1218 | 0.71 | 0.170 |
| | | 42.5 | 0.65 | 2 | 40 | 261 | 757 | 0.51 | 1376 | 0.81 | 0.150 |
| | | | | 3 | 80 | 218 | 618 | 0.42 | 1627 | 0.95 | 0.125 |
| | | | | 4 | 150 | 191 | 522 | 0.35 | 1791 | 1.05 | 0.110 |
| | | | | 1 | 20 | 353 | 744 | 0.50 | 1250 | 0.73 | 0.170 |
| | | 32.5 | 0.50 | 2 | 40 | 310 | 699 | 0.47 | 1389 | 0.81 | 0.150 |
| | | | | 3 | 80 | 260 | 565 | 0.38 | 1644 | 0.96 | 0.125 |
| 4 | C25 | | | 4 | 150 | 230 | 471 | 0.32 | 1812 | 1.06 | 0.110 |
| | | | | 1 | 20 | 321 | 798 | 0.54 | 1227 | 0.72 | 0.170 |
| | | 42.5 | 0.55 | 2 | 40 | 289 | 733 | 0.49 | 1382 | 0.81 | 0.150 |
| | | | | 3 | 80 | 238 | 594 | 0.40 | 1637 | 0.96 | 0.125 |
| | | | | 4 | 150 | 208 | 498 | 0.34 | 1803 | 1.06 | 0.110 |
| | | | | 1 | 20 | 389 | 723 | 0.48 | 1242 | 0.73 | 0.170 |
| | | 32.5 | 0.45 | 2 | 40 | 343 | 678 | 0.45 | 1387 | 0.81 | 0.150 |
| | | | | 3 | 80 | 288 | 542 | 0.36 | 1645 | 0.96 | 0.125 |
| 5 | C30 | | | 4 | 150 | 253 | 448 | 0.30 | 1817 | 1.06 | 0.110 |
| | | | | 1 | 20 | 353 | 744 | 0.50 | 1250 | 0.73 | 0.170 |
| | | 42.5 | 0.50 | 2 | 40 | 310 | 699 | 0.47 | 1389 | 0.81 | 0.150 |
| | | | | 3 | 80 | 260 | 565 | 0.38 | 1644 | 0.96 | 0.125 |
| | | | | 4 | 150 | 230 | 471 | 0.32 | 1812 | 1.06 | 0.110 |
| | | | | 1 | 20 | 436 | 689 | 0.46 | 1237 | 0.72 | 0.170 |
| | | 32.5 | 0.40 | 2 | 40 | 384 | 685 | 0.46 | 1343 | 0.79 | 0.150 |
| | | | | 3 | 80 | 321 | 493 | 0.33 | 1666 | 0.97 | 0.125 |
| 6 | C35 | | | 4 | 150 | 282 | 422 | 0.28 | 1816 | 1.06 | 0.110 |
| | | | | 1 | 20 | 389 | 723 | 0.48 | 1242 | 0.73 | 0.170 |
| | | 42.5 | 0.45 | 2 | 40 | 343 | 678 | 0.45 | 1387 | 0.81 | 0.150 |
| | | | | 3 | 80 | 288 | 542 | 0.36 | 1645 | 0.96 | 0.125 |
| | | | | 4 | 150 | 253 | 448 | 0.30 | 1817 | 1.06 | 0.110 |
| | | | | 1 | 20 | 436 | 689 | 0.46 | 1237 | 0.72 | 0.170 |
| 7 | C40 | 42.5 | 0.40 | 2 | 40 | 384 | 685 | 0.46 | 1343 | 0.79 | 0.150 |
| | | | | 3 | 80 | 321 | 493 | 0.33 | 1666 | 0.97 | 0.125 |
| | | | | 4 | 150 | 282 | 422 | 0.28 | 1816 | 1.06 | 0.110 |
| 8 | C45 | 42.5 | | 2 | 40 | 456 | 520 | 0.35 | 1518 | 0.89 | 0.125 |

注：VLOOKUP($G $3,$O $3:$S $8,2,FALSE)是查找对应的换算系数。

G4 单元格：= F4 * VLOOKUP($G $3,$O $3:$S $8,3,FALSE) * VLOOKUP($I $3,$O $3:$S $8,3,FALSE)

I4 单元格：= H4 * VLOOKUP($G $3,$O $3:$S $8,4,FALSE) * VLOOKUP($I $3,$O $3:$S $8,4,FALSE)

K4 单元格：= J4 * VLOOKUP($G $3,$O $3:$S $8,5,FALSE) * VLOOKUP($I $3,$O $3:$S $8,5,FALSE)

同时选中这些单元格往下拖动,把公式全复制下来,这样这些单元格中所有材料的预算量就会根据石子、砂子的变化随之变化。

| 表5-6 | | | 混凝土材料单价计算表 | | | | | | 单位：元/m³ | | |
|---|---|---|---|---|---|---|---|---|---|---|---|
| 混凝土强度等级 | 水泥标号 | 级配 | 预算量 | | | | | | | 预算价 | 价差 |
| | | | 水泥(kg) | 粗砂(m³) | 中砂(m³) | 卵石(m³) | 碎石(m³) | 水(m³) | | | |
| C10 | 32.5 | 1 | | | | | | | | | |
| | | 2 | | | | | | | | | |
| | | 3 | | | | | | | | | |
| | | 4 | | | | | | | | | |
| C15 | 32.5 | 1 | | | | | | | | | |
| | | 2 | | | | | | | | | |
| | | 3 | | | | | | | | | |
| | | 4 | | | | | | | | | |
| C20 | 32.5 | 1 | | | | | | | | | |
| | | 2 | | | | | | | | | |
| | | 3 | | | | | | | | | |
| | | 4 | | | | | | | | | |
| | 42.5 | 1 | | | | | | | | | |
| | | 2 | | | | | | | | | |
| | | 3 | | | | | | | | | |
| | | 4 | | | | | | | | | |
| C25 | 32.5 | 1 | | | | | | | | | |
| | | 2 | | | | | | | | | |
| | | 3 | | | | | | | | | |
| | | 4 | | | | | | | | | |
| | 42.5 | 1 | | | | | | | | | |
| | | 2 | | | | | | | | | |
| | | 3 | | | | | | | | | |
| | | 4 | | | | | | | | | |
| C30 | 32.5 | 1 | | | | | | | | | |
| | | 2 | | | | | | | | | |
| | | 3 | | | | | | | | | |
| | | 4 | | | | | | | | | |
| | 42.5 | 1 | | | | | | | | | |
| | | 2 | | | | | | | | | |
| | | 3 | | | | | | | | | |
| | | 4 | | | | | | | | | |
| C35 | 32.5 | 1 | | | | | | | | | |
| | | 2 | | | | | | | | | |
| | | 3 | | | | | | | | | |
| | | 4 | | | | | | | | | |
| | 42.5 | 1 | | | | | | | | | |
| | | 2 | | | | | | | | | |
| | | 3 | | | | | | | | | |
| | | 4 | | | | | | | | | |
| C40 | | | | | | | | | | | |
| | | | | | | | | | | | |
| | | | | | | | | | | | |
| | 42.5 | 1 | | | | | | | | | |
| | | 2 | | | | | | | | | |
| | | 3 | | | | | | | | | |
| | | 4 | | | | | | | | | |
| C45 | | | | | | | | | | | |
| | | | | | | | | | | | |
| | | | | | | | | | | | |
| | 42.5 | 2 | | | | | | | | | |

| 表5-7 | 骨料不同混凝土配合比换算系数 | | | |
|---|---|---|---|---|
| 项目 | 水泥 | 砂 | 石子 | 水 |
| 碎石(m³) | 1.10 | 1.10 | 1.06 | 1.10 |
| 中砂（m³） | 1.07 | 0.98 | 0.98 | 1.07 |
| 细砂（m³） | 1.10 | 0.96 | 0.97 | 1.10 |
| 特细砂（m³） | 1.16 | 0.90 | 0.95 | 1.16 |
| 卵石（m³） | 1.00 | 1.00 | 1.00 | 1.00 |
| 粗砂（m³） | 1.00 | 1.00 | 1.00 | 1.00 |

（6）在"材料预算价格表"中，按表5-8补充材料。

| 材料编号 | 材料名称及规格 | 单位 | 原价 | 单位毛重 | 包装费 | 运杂费 | | 采保费 | | 运输保险费 | | 预算价 | 基价 | 价差 | 扣除价差的预算价 |
|---|---|---|---|---|---|---|---|---|---|---|---|---|---|---|---|
| | | | | | | 运杂费 | 费率% | 费率% | 采保费 | 费率% | 运保费 | | | | |
| ZC1 | 钢筋 | t | 2312.5 | 1 | | 65.05 | 3 | 78.46 | 0.8 | 18.5 | | 2474.51 | 2560 | 0 | 2474.51 |
| ZC2 | 水泥32.5 | t | 330 | | | | | | | | | 330.00 | 255 | 75 | 255.00 |
| ZC3 | 水泥42.5 | t | 380 | | | | | | | | | 380.00 | 255 | 125 | 255.00 |
| ZC4 | 石子 | m³ | 85 | | | | | | | | | 85.00 | 70 | 15 | 70.00 |
| ZC5 | 砂子 | m³ | 72 | | | | | | | | | 72.00 | 70 | 2 | 70.00 |
| ZC6 | 外加剂 | kg | 235 | | | | | | | | | 235.00 | | 0 | 235.00 |
| ZC7 | 粉煤灰 | kg | 50 | | | | | | | | | 50.00 | | 0 | 50.00 |

表5-8　　　　材料预算价格表　　　　元/单位

（7）回到"混凝土单价汇总表"工作表，以下单元格中写入以下公式：

L4 单元格：＝E4＊材料预算价格表！＄X＄6/1 000＋G4＊材料预算价格表！＄X＄9＋I4＊材料预算价格表！＄X＄8＋K4＊基础单价！＄H＄22

M4 单元格：＝E4＊材料预算价格表！＄Z＄6/1 000＋G4＊材料预算价格表！＄Z＄9＋I4＊材料预算价格表！＄Z＄8

选中 L4、M4 单元格向下拖动复制公式。注意有的单元格用"水泥32.5"的预算价格，有的单元格是"水泥42.5"的预算价格，需要做出相应修改，需要将 X6 换成 X7。

注意：以上公式中引用的材料预算价格表中的"砂子""石子"，实际工作中应为"粗砂""细砂""特细砂""碎石""卵石"，公式应做相应的改变，或者调整材料预算价格表。

# 第二节　用 Excel 计算掺外加剂混凝土材料单价

混凝土外加剂简称外加剂，是指在拌制混凝土拌和前或拌和过程中掺入用以改善混凝土性能的物质。混凝土外加剂的掺量一般不大于水泥质量的5%。混凝土外加剂产品的质量必须符合国家标准《混凝土外加剂》（GB 8076—2008）的规定。

混凝土外加剂按其主要功能分为四类：

（1）改善混凝土拌和物流变性能的外加剂，包括各种减水剂、引气剂和泵送剂等。

（2）调节混凝土凝结时间、硬化性能的外加剂，包括缓凝剂、早强剂和速凝剂等。

（3）改善混凝土耐久性的外加剂，包括引气剂、防水剂和阻锈剂等。

（4）改善混凝土其他性能的外加剂，包括加气剂、膨胀剂、着色剂、防冻剂、防水剂和泵送剂等。

用 Excel 计算掺外加剂混凝土材料单价步骤如下：

（1）在"混凝土材料预算量"工作表中，在52行以下按表5-9格式输入文字和数据。

（2）进入"混凝土单价汇总表"工作表，在52行以下按照表5-10的格式编制表格。

（3）选中 G52 单元格，点击"数据"→"数据有效性"，弹出"数据有效性"对话框，在"来源"中写入粗砂（m³）、中砂（m³）、细砂（m³）、特细砂（m³）

同样，在 I52 单元格"来源"中写入卵石（m³）、碎石（m³）。

（4）在以下单元格中写入公式：

D53 单元格：＝混凝土材料预算量！G56

F53 单元格：＝混凝土材料预算量！I56

H53 单元格：＝混凝土材料预算量！K56

表5-9　　　　　　　　　　　掺外加剂混凝土材料用量表　　　　　　　　　　单位：m³

| 序号 | 混凝土强度等级 | 水泥强度等级 | 水灰比 | 级配 | 最大粒径(mm) | 预算量 | | | | | | |
|---|---|---|---|---|---|---|---|---|---|---|---|---|
| | | | | | | 水泥(kg) | 粗砂 | | 卵石 | | 外加剂(kg) | 水(m³) |
| | | | | | | | (kg) | (m³) | (kg) | (m³) | | |
| 1 | C10 | 32.5 | 0.75 | 1 | 20 | 213 | 887 | 0.59 | 1230 | 0.72 | 0.43 | 0.170 |
| | | | | 2 | 40 | 188 | 826 | 0.55 | 1372 | 0.8 | 0.38 | 0.150 |
| | | | | 3 | 80 | 157 | 658 | 0.44 | 1642 | 0.96 | 0.32 | 0.125 |
| | | | | 4 | 150 | 139 | 560 | 0.38 | 1803 | 1.05 | 0.28 | 0.110 |
| 2 | C15 | 32.5 | 0.65 | 1 | 20 | 250 | 865 | 0.58 | 1221 | 0.71 | 0.50 | 0.170 |
| | | | | 2 | 40 | 220 | 790 | 0.53 | 1382 | 0.81 | 0.45 | 0.150 |
| | | | | 3 | 80 | 181 | 630 | 0.42 | 1649 | 0.96 | 0.37 | 0.125 |
| | | | | 4 | 150 | 160 | 530 | 0.36 | 1811 | 1.06 | 0.32 | 0.110 |
| 3 | C20 | 32.5 | 0.55 | 1 | 20 | 290 | 810 | 0.54 | 1245 | 0.73 | 0.58 | 0.170 |
| | | | | 2 | 40 | 254 | 743 | 0.50 | 1400 | 0.82 | 0.52 | 0.150 |
| | | | | 3 | 80 | 212 | 596 | 0.40 | 1654 | 0.97 | 0.43 | 0.125 |
| | | | | 4 | 150 | 188 | 503 | 0.34 | 1817 | 1.06 | 0.38 | 0.110 |
| | | 42.5 | 0.65 | 1 | 20 | 264 | 839 | 0.56 | 1235 | 0.72 | 0.53 | 0.170 |
| | | | | 2 | 40 | 234 | 767 | 0.52 | 1392 | 0.81 | 0.47 | 0.150 |
| | | | | 3 | 80 | 195 | 624 | 0.42 | 1641 | 0.96 | 0.39 | 0.125 |
| | | | | 4 | 150 | 171 | 527 | 0.36 | 1806 | 1.05 | 0.35 | 0.110 |
| 4 | C25 | 32.5 | 0.50 | 1 | 20 | 320 | 757 | 0.51 | 1270 | 0.74 | 0.64 | 0.170 |
| | | | | 2 | 40 | 282 | 709 | 0.48 | 1410 | 0.82 | 0.56 | 0.150 |
| | | | | 3 | 80 | 234 | 572 | 0.38 | 1664 | 0.97 | 0.47 | 0.125 |
| | | | | 4 | 150 | 207 | 479 | 0.32 | 1831 | 1.07 | 0.42 | 0.110 |
| | | 42.5 | 0.55 | 1 | 20 | 290 | 810 | 0.54 | 1245 | 0.73 | 0.58 | 0.170 |
| | | | | 2 | 40 | 254 | 743 | 0.50 | 1400 | 0.82 | 0.52 | 0.150 |
| | | | | 3 | 80 | 212 | 596 | 0.40 | 1654 | 0.97 | 0.43 | 0.125 |
| | | | | 4 | 150 | 188 | 503 | 0.34 | 1817 | 1.06 | 0.38 | 0.110 |
| 5 | C30 | 32.5 | 0.45 | 1 | 20 | 348 | 736 | 0.49 | 1269 | 0.74 | 0.71 | 0.170 |
| | | | | 2 | 40 | 307 | 689 | 0.46 | 1411 | 0.83 | 0.62 | 0.150 |
| | | | | 3 | 80 | 257 | 549 | 0.37 | 1667 | 0.97 | 0.52 | 0.125 |
| | | | | 4 | 150 | 225 | 453 | 0.30 | 1837 | 1.07 | 0.46 | 0.110 |
| | | 42.5 | 0.50 | 1 | 20 | 320 | 757 | 0.51 | 1270 | 0.74 | 0.64 | 0.170 |
| | | | | 2 | 40 | 282 | 709 | 0.48 | 1410 | 0.82 | 0.56 | 0.150 |
| | | | | 3 | 80 | 234 | 572 | 0.38 | 1664 | 0.97 | 0.47 | 0.125 |
| | | | | 4 | 150 | 207 | 479 | 0.32 | 1831 | 1.07 | 0.42 | 0.110 |
| 6 | C35 | 32.5 | 0.40 | 1 | 20 | 392 | 705 | 0.47 | 1265 | 0.74 | 0.78 | 0.170 |
| | | | | 2 | 40 | 346 | 698 | 0.47 | 1368 | 0.8 | 0.69 | 0.150 |
| | | | | 3 | 80 | 289 | 500 | 0.33 | 1691 | 0.99 | 0.58 | 0.125 |
| | | | | 4 | 150 | 254 | 427 | 0.28 | 1839 | 1.08 | 0.51 | 0.110 |
| | | 42.5 | 0.45 | 1 | 20 | 348 | 736 | 0.49 | 1269 | 0.74 | 0.71 | 0.170 |
| | | | | 2 | 40 | 307 | 689 | 0.46 | 1411 | 0.83 | 0.62 | 0.150 |
| | | | | 3 | 80 | 257 | 549 | 0.37 | 1667 | 0.97 | 0.52 | 0.125 |
| | | | | 4 | 150 | 225 | 453 | 0.30 | 1837 | 1.07 | 0.46 | 0.110 |
| 7 | C40 | 42.5 | 0.40 | 1 | 20 | 392 | 705 | 0.47 | 1265 | 0.74 | 0.78 | 0.170 |
| | | | | 2 | 40 | 346 | 698 | 0.47 | 1368 | 0.8 | 0.69 | 0.150 |
| | | | | 3 | 80 | 289 | 500 | 0.33 | 1691 | 0.99 | 0.58 | 0.125 |
| | | | | 4 | 150 | 254 | 427 | 0.28 | 1839 | 1.08 | 0.51 | 0.110 |
| 8 | C45 | 42.5 | 0.34 | 2 | 40 | 410 | 532 | 0.35 | 1552 | 0.91 | 0.82 | 0.125 |

J53 单元格：= 混凝土材料预算量！L56

K53 单元格：= 混凝土材料预算量！M56

同时选中这些单元格往下拖动，把公式全复制下来，这样这些单元格中就把"混凝土材料预算量"工作表中的预算量都导入过来了。

（5）工作表"材料预算价格表"中补充 zc6 外加剂材料价格。

（6）在以下单元格中写入公式：

E53 单元格：= D53 * VLOOKUP( $G$52, $O$3:$S$8,2,FALSE) * VLOOKUP( $I$52, $O$3:$S$8,2,FALSE)

G53 单元格：= F53 * VLOOKUP( $G$52, $O$3:$S$8,3,FALSE) * VLOOKUP( $I$52, $O$3:$S$8,3,FALSE)

I53 单元格：

= H53 * VLOOKUP( $G$52, $O$3:$S$8,4,FALSE) * VLOOKUP( $I$52, $O$3:$S$8,4,FALSE)

| 表5-10 | | | 掺外加剂混凝土材料单价计算表 | | | | | | | 单位：元/m³ | | |
|---|---|---|---|---|---|---|---|---|---|---|---|---|
| 混凝土强度等级 | 水泥标号 | 级配 | 预算量 | | | | | | | | 预算价 | 价差 |
| | | | 水泥(kg) | 粗砂(m3) | 中砂(m3) | 卵石(m3) | 碎石(m3) | 外加剂(kg) | 水(m³) | | | |
| C10 | 32.5 | 1 | | | | | | | | | | |
| | | 2 | | | | | | | | | | |
| | | 3 | | | | | | | | | | |
| | | 4 | | | | | | | | | | |
| C15 | 32.5 | 1 | | | | | | | | | | |
| | | 2 | | | | | | | | | | |
| | | 3 | | | | | | | | | | |
| | | 4 | | | | | | | | | | |
| C20 | 32.5 | 1 | | | | | | | | | | |
| | | 2 | | | | | | | | | | |
| | | 3 | | | | | | | | | | |
| | | 4 | | | | | | | | | | |
| | 42.5 | 1 | | | | | | | | | | |
| | | 2 | | | | | | | | | | |
| | | 3 | | | | | | | | | | |
| | | 4 | | | | | | | | | | |
| C25 | 32.5 | 1 | | | | | | | | | | |
| | | 2 | | | | | | | | | | |
| | | 3 | | | | | | | | | | |
| | | 4 | | | | | | | | | | |
| | 42.5 | 1 | | | | | | | | | | |
| | | 2 | | | | | | | | | | |
| | | 3 | | | | | | | | | | |
| | | 4 | | | | | | | | | | |
| C30 | 32.5 | 1 | | | | | | | | | | |
| | | 2 | | | | | | | | | | |
| | | 3 | | | | | | | | | | |
| | | 4 | | | | | | | | | | |
| | 42.5 | 1 | | | | | | | | | | |
| | | 2 | | | | | | | | | | |
| | | 3 | | | | | | | | | | |
| | | 4 | | | | | | | | | | |
| C35 | 32.5 | 1 | | | | | | | | | | |
| | | 2 | | | | | | | | | | |
| | | 3 | | | | | | | | | | |
| | | 4 | | | | | | | | | | |
| | 42.5 | 1 | | | | | | | | | | |
| | | 2 | | | | | | | | | | |
| C40 | 42.5 | 1 | | | | | | | | | | |
| | | 2 | | | | | | | | | | |
| | | 3 | | | | | | | | | | |
| C45 | 42.5 | 2 | | | | | | | | | | |

L53 单元格： = K53 * VLOOKUP( $G $52, $O $3: $S $8,5,FALSE) * VLOOKUP( $I $52, $O $3: $S $8,5,FALSE)

M53 单元格：

= E53 * VLOOKUP("水泥 32.5", 材料预算价格表! $B: $Z,23,0)/1 000 + G53 * 材料预算价格表! $X $9 + I53 * 材料预算价格表! $X $8 + J53 * 材料预算价格表! $X $10 + L53 * 基础单价! $H $22

N53 单元格：

= E53 * VLOOKUP("水泥 32.5", 材料预算价格表! $B: $Z,25,0)/1 000 + G53 * 材料预算价格表! $Z $9 + I53 * 材料预算价格表! $Z $8

选中这些单元格向下拖动复制公式。注意 M53、N53 中"水泥 32.5"，有的单元格是"水泥 42.5"，需要做出相应修改。

# 第六章　用 Excel 计算掺粉煤灰混凝土和砂浆材料价格

## 第一节　掺粉煤灰混凝土

粉煤灰曾经是一种大宗工业废料，以前，粉煤灰被收集后露天堆放，不仅占用了大量的土地，而且污染空气和堆积处的地下水源，对环境的危害很大。为了解决这些问题，中国的科技工作者经过多年研究论证，提出了一系列将粉煤灰"变废为宝"的综合利用方法。

粉煤灰可用作水泥、砂浆、混凝土的掺合料，并成为水泥、混凝土的组分。粉煤灰可代替黏土成为生产水泥熟料的原料，制造烧结砖、蒸压加气混凝土、泡沫混凝土、空心砌砖、烧结或非烧结陶粒；可用于铺筑道路，构筑坝体，建设港口；也可用于农田坑洼低地、煤矿塌陷区及矿井的回填；还可以从中分选漂珠、微珠、铁精粉、碳、铝等有用物质，其中漂珠、微珠可分别用作保温材料、耐火材料、塑料、橡胶填料。混凝土中掺粉煤灰可延缓水泥的水化速度，减小混凝土因水化热引起的温升而产生温度裂缝十分有利。

因此，粉煤灰目前大量、广泛应用于建筑、高速铁路、水利大坝等工程建设中。

《水利建筑工程概算定额（下册）》附录 7 分别列出了掺粉煤灰 20%、25% 和 30% 时混凝土配合比材料的预算量。

三个表的取代系数都是 1.3。

等量替代或等量取代，指一定重量的粉煤灰取代（置换）同等重量的水泥，即在某个已确定的混凝土配合比中，加 1 kg 粉煤灰同时减少 1 kg 水泥，粉煤灰增加的体积（粉煤灰比重 2.1，水泥比重 3.1）用减少同体积的砂来平衡。粉煤灰等量替代水泥会降低混凝土原来的强度，通过超重取代就能把强度提上来。

为保持混凝土原来的强度，粉煤灰需要超量取代水泥，取代系数 = 加入粉煤灰重量 ÷ 被取代水泥重量 >1.0（一般 1.3 ~ 1.6）。同样，粉煤灰增加的体积用减少同体积的砂来平衡。

## 第二节　用 Excel 计算掺粉煤灰混凝土材料价格

（1）在"混凝土材料预算量"工作表中第 103 行下面按表 6-1 ~ 表 6-3 的格式编制表格并输入数据。

（2）"混凝土单价汇总表"工作表第 99 行按表 6-4 ~ 表 6-6 的格式编制表格。

（3）选中 H102、H115、H128 单元格，点击"数据"→"数据有效性"，弹出"数据有效性"对话框，在"来源"中写入粗砂（m³）、中砂（m³）、细砂（m³）、特细砂（m³）。

## 掺粉煤灰混凝土材料用量表

表6-1　（掺粉煤灰量20%，取代系数1.3）　　　单位：m³

| 序号 | 混凝土强度等级 | 水泥强度等级 | 水灰比 | 级配 | 最大粒径(mm) | 预算量 | | | | | | | |
|---|---|---|---|---|---|---|---|---|---|---|---|---|---|
| | | | | | | 水泥(kg) | 粉煤灰(kg) | 粗砂(kg) | 粗砂(m³) | 卵石(kg) | 卵石(m³) | 外加剂(kg) | 水(m³) |
| 1 | C10 | 32.5 | 0.75 | 3 | 80 | 139 | 45 | 650 | 0.44 | 1621 | 0.95 | 0.28 | 0.125 |
| | | | | 4 | 150 | 122 | 40 | 551 | 0.37 | 1784 | 1.05 | 0.25 | 0.110 |
| 2 | C15 | 32.5 | 0.65 | 3 | 80 | 160 | 53 | 620 | 0.42 | 1627 | 0.96 | 0.33 | 0.125 |
| | | | | 4 | 150 | 140 | 47 | 523 | 0.35 | 1791 | 1.05 | 0.29 | 0.110 |
| 3 | C20 | 32.5 | 0.55 | 3 | 80 | 190 | 63 | 589 | 0.40 | 1623 | 0.96 | 0.38 | 0.125 |
| | | | | 4 | 150 | 168 | 56 | 495 | 0.33 | 1791 | 1.05 | 0.34 | 0.110 |
| | | 42.5 | 0.60 | 3 | 80 | 173 | 58 | 616 | 0.42 | 1618 | 0.95 | 0.35 | 0.125 |
| | | | | 4 | 150 | 152 | 51 | 519 | 0.35 | 1781 | 1.05 | 0.31 | 0.110 |

## 掺粉煤灰混凝土材料用量表

表6-2　（掺粉煤灰量25%，取代系数1.3）　　　单位：m³

| 序号 | 混凝土强度等级 | 水泥强度等级 | 水灰比 | 级配 | 最大粒径(mm) | 预算量 | | | | | | | |
|---|---|---|---|---|---|---|---|---|---|---|---|---|---|
| | | | | | | 水泥(kg) | 粉煤灰(kg) | 粗砂(kg) | 粗砂(m³) | 卵石(kg) | 卵石(m³) | 外加剂(kg) | 水(m³) |
| 1 | C10 | 32.5 | 0.75 | 3 | 80 | 131 | 57 | 650 | 0.44 | 1621 | 0.95 | 0.27 | 0.125 |
| | | | | 4 | 150 | 115 | 50 | 551 | 0.36 | 1784 | 1.04 | 0.24 | 0.110 |
| 2 | C15 | 32.5 | 0.65 | 3 | 80 | 150 | 66 | 620 | 0.42 | 1624 | 0.96 | 0.31 | 0.125 |
| | | | | 4 | 150 | 132 | 58 | 525 | 0.34 | 1788 | 1.05 | 0.29 | 0.110 |
| 3 | C20 | 32.5 | 0.55 | 3 | 80 | 178 | 79 | 590 | 0.40 | 1622 | 0.95 | 0.36 | 0.125 |
| | | | | 4 | 150 | 156 | 69 | 495 | 0.32 | 1787 | 1.05 | 0.34 | 0.110 |
| | | 42.5 | 0.60 | 3 | 80 | 163 | 71 | 615 | 0.42 | 1618 | 0.95 | 0.33 | 0.125 |
| | | | | 4 | 150 | 143 | 63 | 517 | 0.35 | 1780 | 1.05 | 0.29 | 0.110 |

## 掺粉煤灰混凝土材料用量表

表6-3　（掺粉煤灰量30%，取代系数1.3）　　　单位：m³

| 序号 | 混凝土强度等级 | 水泥强度等级 | 水灰比 | 级配 | 最大粒径(mm) | 预算量 | | | | | | | |
|---|---|---|---|---|---|---|---|---|---|---|---|---|---|
| | | | | | | 水泥(kg) | 粉煤灰(kg) | 粗砂(kg) | 粗砂(m³) | 卵石(kg) | 卵石(m³) | 外加剂(kg) | 水(m³) |
| 1 | C10 | 32.5 | 0.75 | 3 | 80 | 122 | 69 | 649 | 0.44 | 1619 | 0.95 | 0.25 | 0.125 |
| | | | | 4 | 150 | 108 | 61 | 551 | 0.37 | 1781 | 1.05 | 0.22 | 0.110 |
| 2 | C15 | 32.5 | 0.65 | 3 | 80 | 140 | 80 | 619 | 0.42 | 1622 | 0.95 | 0.28 | 0.125 |
| | | | | 4 | 150 | 124 | 70 | 522 | 0.35 | 1786 | 1.05 | 0.25 | 0.110 |
| 3 | C20 | 32.5 | 0.55 | 3 | 80 | 166 | 95 | 590 | 0.40 | 1618 | 0.95 | 0.34 | 0.125 |
| | | | | 4 | 150 | 148 | 83 | 495 | 0.33 | 1786 | 1.05 | 0.34 | 0.110 |
| | | 42.5 | 0.60 | 3 | 80 | 154 | 86 | 613 | 0.42 | 1612 | 0.95 | 0.31 | 0.125 |
| | | | | 4 | 150 | 154 | 76 | 518 | 0.35 | 1778 | 1.04 | 0.27 | 0.110 |

## 掺粉煤灰混凝土材料单价计算表

表6-4　　　　　　　　　　　　　　　　　　　　单位：元/m³

（掺粉煤灰量20%，取代系数1.3）

| 混凝土强度等级 | 水泥标号 | 级配 | 预算量 | | | | | | | | | 预算价 | 价差 |
|---|---|---|---|---|---|---|---|---|---|---|---|---|---|
| | | | 水泥(kg) | 粉煤灰(kg) | 粗砂(m3) | 中砂(m3) | 卵石(m3) | 碎石(m3) | 外加剂(kg) | 水(m³) | | | |
| C10 | 32.5 | 3 | | | | | | | | | | | |
| | | 4 | | | | | | | | | | | |
| C15 | 32.5 | 3 | | | | | | | | | | | |
| | | 4 | | | | | | | | | | | |
| C20 | 32.5 | 3 | | | | | | | | | | | |
| | | 4 | | | | | | | | | | | |
| | 42.5 | 3 | | | | | | | | | | | |
| | | 4 | | | | | | | | | | | |

## 掺粉煤灰混凝土材料单价计算表

表6-5　　　　　　　　　　　　　　　　　　　　单位：元/m³

（掺粉煤灰量25%，取代系数1.3）

| 混凝土强度等级 | 水泥标号 | 级配 | 预算量 | | | | | | | | | 预算价 | 价差 |
|---|---|---|---|---|---|---|---|---|---|---|---|---|---|
| | | | 水泥(kg) | 粉煤灰(kg) | 粗砂(m3) | 中砂(m3) | 卵石(m3) | 碎石(m3) | 外加剂(kg) | 水(m³) | | | |
| C10 | 32.5 | 3 | | | | | | | | | | | |
| | | 4 | | | | | | | | | | | |
| C15 | 32.5 | 3 | | | | | | | | | | | |
| | | 4 | | | | | | | | | | | |
| C20 | 32.5 | 3 | | | | | | | | | | | |
| | | 4 | | | | | | | | | | | |
| | 42.5 | 3 | | | | | | | | | | | |
| | | 4 | | | | | | | | | | | |

| | A | B | C | D | E | F | G | H | I | J | K | L | M | N | O |
|---|---|---|---|---|---|---|---|---|---|---|---|---|---|---|---|
| 125 | 表6-6 | | | | | | 掺粉煤灰混凝土材料单价计算表 | | | | | 单位：元/m³ | | | |
| 126 | | | | | | | （掺粉煤灰量30%，取代系数1.3） | | | | | | | | |

| 混凝土强度等级 | 水泥标号 | 级配 | 预算量 | | | | | | | | | 预算价 | 价差 |
|---|---|---|---|---|---|---|---|---|---|---|---|---|---|
| | | | 水泥(kg) | 粉煤灰(kg) | 粗砂(m3) | 中砂(m3) | 卵石(m3) | 碎石(m3) | 外加剂(kg) | 水(m³) | | | |
| C10 | 32.5 | 3 | | | | | | | | | | | |
| | | 4 | | | | | | | | | | | |
| C15 | 32.5 | 3 | | | | | | | | | | | |
| | | 4 | | | | | | | | | | | |
| C20 | 32.5 | 3 | | | | | | | | | | | |
| | | 4 | | | | | | | | | | | |
| | 42.5 | 3 | | | | | | | | | | | |
| | | 4 | | | | | | | | | | | |

同样，在 J102、J115、J128 单元格"来源"中写入卵石(m³)、碎石(m³)。

（4）在表 6-1 以下单元格中写入公式：

D103 单元格：＝混凝土材料预算量！G108

F103 单元格：＝混凝土材料预算量！H108

G103 单元格：＝混凝土材料预算量！I108

I103 单元格：＝混凝土材料预算量！K108

K103 单元格：＝混凝土材料预算量！M108

L103 单元格：＝混凝土材料预算量！N108

在表 6-2 以下单元格中写入公式：

D116 单元格：＝混凝土材料预算量！G123

F116 单元格：＝混凝土材料预算量！H123

G116 单元格：＝混凝土材料预算量！I123

I116 单元格：＝混凝土材料预算量！K123

K116 单元格：＝混凝土材料预算量！M123

L116 单元格：＝混凝土材料预算量！N123

在表 6-3 以下单元格中写入公式：

D129 单元格：＝混凝土材料预算量！G138

F129 单元格：＝混凝土材料预算量！H138

G129 单元格：＝混凝土材料预算量！I138

I129 单元格：＝混凝土材料预算量！K138

K129 单元格：＝混凝土材料预算量！M138

L129 单元格：＝混凝土材料预算量！N138

同时选中这些单元格往下拖动，把公式全复制下来，这样这些单元格中就把"混凝土材料预算量"工作表中的预算量都导入过来了。

（5）在"材料预算价格表"中补充粉煤灰材料预算价格。

（6）在表 6-4 以下单元格中写入公式：

E103 单元格：＝D103 * VLOOKUP( $H$102, $O$3: $S$8,2,FALSE) * VLOOKUP( $I$102, $O$3: $S$8,2,FALSE)

H103 单元格：＝G103 * VLOOKUP( $H$102, $O$3: $S$8,3,FALSE) * VLOOKUP( $J$102, $O$3: $S$8,3,FALSE)

J103 单元格：= I103 * VLOOKUP( $H $102, $O $3: $S $8,4, FALSE) * VLOOKUP( $J $102, $O $3: $S $8,4, FALSE)

M103 单元格：= L103 * VLOOKUP( $H $102, $O $3: $S $8,5, FALSE) * VLOOK-UP( $J $102, $O $3: $S $8,5, FALSE)

N103 单元格：= E103 * VLOOKUP( "水泥 32.5", 材料预算价格表! $B: $Z,23, FALSE)/1 000 + F103 * 材料预算价格表! $X $11 + H103 * 材料预算价格表! $X $9 + J103 * 材料预算价格表! $X $8 + K103 * 材料预算价格表! X10 + M103 * 基础单价! $H $22

O103 单元格：= E103 * VLOOKUP( "水泥 32.5", 材料预算价格表! $B: $Z,25, FALSE)/1 000 + H103 * 材料预算价格表! $Z $9 + J103 * 材料预算价格表! $Z $8

在表 6-5 以下单元格中写入公式：

E116 单元格：= D116 * VLOOKUP( $H $102, $O $3: $S $8,2, FALSE) * VLOOK-UP( $I $102, $O $3: $S $8,2, FALSE)

H116 单元格：= G116 * VLOOKUP( $H $102, $O $3: $S $8,3, FALSE) * VLOOK-UP( $J $102, $O $3: $S $8,3, FALSE)

J116 单元格：= I116 * VLOOKUP( $H $102, $O $3: $S $8,4, FALSE) * VLOOKUP( $J $102, $O $3: $S $8,4, FALSE)

M116 单元格：= L116 * VLOOKUP( $H $102, $O $3: $S $8,5, FALSE) * VLOOK-UP( $J $102, $O $3: $S $8,5, FALSE)

N116 单元格：= E116 * VLOOKUP( "水泥 32.5", 材料预算价格表! $B: $Z,23,0)/1 000 + F116 * 材料预算价格表! $X $11 + H116 * 材料预算价格表! $X $9 + J116 * 材料预算价格表! $X $8 + K116 * 材料预算价格表! X23 + M116 * 基础单价! $H $22

O116 单元格：= E116 * VLOOKUP( "水泥 32.5", 材料预算价格表! $B: $Z,25,0)/1 000 + H116 * 材料预算价格表! $Z $9 + J116 * 材料预算价格表! $Z $8

在表 6-6 以下单元格中写入公式：

E129 单元格：= D129 * VLOOKUP( $H $102, $O $3: $S $8,2, FALSE) * VLOOK-UP( $I $102, $O $3: $S $8,2, FALSE)

H129 单元格：= G129 * VLOOKUP( $H $102, $O $3: $S $8,3, FALSE) * VLOOK-UP( $J $102, $O $3: $S $8,3, FALSE)

J129 单元格：= I129 * VLOOKUP( $H $102, $O $3: $S $8,4, FALSE) * VLOOKUP( $J $102, $O $3: $S $8,4, FALSE)

M129 单元格：= L129 * VLOOKUP( $H $102, $O $3: $S $8,5, FALSE) * VLOOK-UP( $J $102, $O $3: $S $8,5, FALSE)

N129 单元格：= E129 * VLOOKUP( "水泥 32.5", 材料预算价格表! $B: $Z,23,0)/1 000 + F129 * 材料预算价格表! $X $11 + H129 * 材料预算价格表! $X $9 + J129 * 材料预算价格表! $X $8 + K129 * 材料预算价格表! X23 + M129 * 基础单价! $H $22

O129 单元格：= E129 * VLOOKUP( "水泥 32.5", 材料预算价格表! $B: $Z,25,0)/

1 000 + H129 * 材料预算价格表！$Z $9 + J129 * 材料预算价格表！$Z $8

选中这些单元格向下拖动复制公式。注意"水泥 32.5"，有的单元格是"水泥 42.5"，需要做出相应修改。

# 第三节　用 Excel 计算砂浆材料价格

《水利建筑工程概算定额(下册)》附录 7 中有两种砂浆的材料配合表，一个是砌筑砂浆，一个是接缝砂浆，本次只编制砌筑砂浆材料单价，接缝砂浆材料单价的编制方法可参照砌筑砂浆编制。

(1)插入一个工作表并改名为"砂浆单价汇总表"，按照表 6-7 的格式输入文字和数据，F 列和 G 列数据不要输。

| | A | B | C | D | E | F | G |
|---|---|---|---|---|---|---|---|
| 1 | 表6-7 | | 砂浆材料单价计算表 | | | 单位：元/m³ | |
| 2 | 砂浆强度等级 | 水泥标号 | 预算量 | | | 预算价 | 价差 |
| 3 | | | 水泥(kg) | 砂(m³) | 水(m³) | | |
| 4 | M5 | 32.5 | 211 | 1.13 | 0.127 | 142.62 | 8.59 |
| 5 | M7.5 | 32.5 | 261 | 1.11 | 0.157 | 156.27 | 10.05 |
| 6 | M10 | 32.5 | 305 | 1.10 | 0.183 | 168.82 | 11.35 |
| 7 | M12.5 | 32.5 | 352 | 1.08 | 0.211 | 181.57 | 12.72 |
| 8 | M15 | 32.5 | 405 | 1.07 | 0.243 | 196.82 | 14.29 |
| 9 | M20 | 32.5 | 457 | 1.06 | 0.274 | 211.77 | 15.83 |
| 10 | M25 | 32.5 | 522 | 1.05 | 0.313 | 230.64 | 17.76 |
| 11 | M30 | 32.5 | 606 | 0.99 | 0.364 | 251.73 | 20.16 |
| 12 | M40 | 32.5 | 740 | 0.97 | 0.444 | 290.67 | 24.14 |

(2)在表 6-7 以下单元格中写入公式：

F4 单元格：= C4 * 材料预算价格表！$X $6/1 000 + D4 * 材料预算价格表！$X $9 + E4 * 基础单价！$H $22

G4 单元格：= C4 * 材料预算价格表！$Z $6/1 000 + D4 * 材料预算价格表！$Z $9

# 第七章　用 Excel 管理建筑工程定额

## 第一节　建筑工程定额库的建立

　　编制概算,必须按照部或省颁布的概算定额编制,所以要了解定额,熟悉定额和定额使用说明。现行的水利部 2002《水利建筑工程概算定额》共分 9 章 338 节 4656 目,各章分别为:

　　第一章　土方开挖工程　52 节 905 目

　　第二章　石方开挖工程　46 节 569 目

　　第三章　土石填筑工程　20 节 91 目

　　第四章　混凝土工程　61 节 302 目

　　第五章　模板工程　22 节 102 目

　　第六章　砂石备料工程　40 节 441 目

　　第七章　钻孔灌浆及锚固工程　45 节 585 目

　　第八章　疏浚工程　37 节 1589 目

　　第九章　其他工程　15 节 72 目

　　每章下面有若干节,每节下面有若干目,每一个目有一个定额编号,如第一章的定额编号是 10001～10905,第二章的定额编号是 20001～20569,依次类推。快速、准确地查找定额是每一个编制概预算的人追求的目标,因此借助计算机来查定额是最好的办法。

　　下面先看一下定额的内容,如图 7-1～图 7-5 所示。

　　从图 7-1～图 7-5 所示定额样例可以看出,每个定额子目由以下几部分组成:人工、材料、机械、配合工序(如图 7-4 中的"混凝土拌制""混凝土运输")。

　　每一节定额的上面都有适用范围、工作内容和定额单位。

　　所以我们要想用 Excel 来查定额中的内容,必须建立固定格式的定额库。定额库的格式如图 7-6 所示。

　　编制定额库时要严格按以下要求:

　　(1)第一行:章节的名称。图 7-6 中"一 – 41 1 m³ 装载机装土自卸汽车运输"的"一 – 41"是章节编号,指的是第一章第 41 节,章节编号后边是一个空格,空格后边是章节的名称。章节的编号和名称共占的列数是这一节的目数 +2 列。其中多加的这 2 列是"项目"列和"单位"列。把这些列用"合并"的方法合并成一列。

　　(2)第二行:适用范围和工作内容。这一行要从本节的最左侧列开始输入,可以合并,也可以不合并。

一—5人工挖倒沟槽土方

工作内容：挖土、修底、将土倒运到槽边两侧0.5m以外。

**(1) I～II类土**

单位：100m³

| 项目 | 单位 | 上 口 宽 度 (m) | | | | | | | | |
|---|---|---|---|---|---|---|---|---|---|
| | | ≤1 | 1~2 | | | | 2~4 | | | |
| | | 深 度 (m) | | | | | | | | |
| | | ≤1 | 1~1.5 | 1~1.5 | 1.5~2 | 2~3 | 1~1.5 | 1.5~2 | 2~3 | 3~4 |
| 工长 | 工时 | 2.6 | 2.5 | 2.5 | 2.9 | 3.3 | 2.5 | 2.8 | 3.3 | 3.8 |
| 高级工 | 工时 | | | | | | | | | |
| 中级工 | 工时 | | | | | | | | | |
| 初级工 | 工时 | 125.5 | 124.9 | 123.5 | 139.9 | 161.9 | 121.4 | 137.9 | 159.8 | 187.3 |
| 合计 | 工时 | 128.1 | 127.4 | 126.0 | 142.8 | 165.2 | 123.9 | 140.7 | 163.1 | 191.1 |
| 零星材料费 | % | 4 | 4 | 4 | 4 | 4 | 4 | 4 | 4 | 4 |
| 编号 | | 10018 | 10019 | 10020 | 10021 | 10022 | 10023 | 10024 | 10025 | 10026 |

**(2) III类土**

单位：100m³

| 项目 | 单位 | 上 口 宽 度 (m) | | | | | | | | |
|---|---|---|---|---|---|---|---|---|---|
| | | ≤1 | 1~2 | | | | 2~4 | | | |
| | | 深 度 (m) | | | | | | | | |
| | | ≤1 | 1~1.5 | 1~1.5 | 1.5~2 | 2~3 | 1~1.5 | 1.5~2 | 2~3 | 3~4 |
| 工长 | 工时 | 4.2 | 4.2 | 4.1 | 4.5 | 5.0 | 4.0 | 4.4 | 4.9 | 5.5 |
| 高级工 | 工时 | | | | | | | | | |
| 中级工 | 工时 | | | | | | | | | |
| 初级工 | 工时 | 207.9 | 205.1 | 202.4 | 220.2 | 244.9 | 198.3 | 216.1 | 240.8 | 271.7 |
| 合计 | 工时 | 212.1 | 209.3 | 206.5 | 224.7 | 249.9 | 202.3 | 220.5 | 245.7 | 277.2 |
| 零星材料费 | % | 3 | 3 | 3 | 3 | 3 | 3 | 3 | 3 | 3 |
| 编号 | | 10027 | 10028 | 10029 | 10030 | 10031 | 10032 | 10033 | 10034 | 10035 |

**图 7-1　人工开挖土方工程定额样例**

二-7 一般坡面石方开挖

适用范围：设计倾角20°～40°，平均厚度5m以下，无保护层。

工作内容：钻孔、爆破、撬移、解小、翻渣、清面。

单位：100m³

| 项目 | | 单位 | 岩 石 级 别 | | | |
|---|---|---|---|---|---|---|
| | | | V - VIII | IX - X | XI - XII | XII - XIV |
| 工长 | | 工时 | 2.8 | 3.3 | 3.9 | 4.8 |
| 高级工 | | 工时 | | | | |
| 中级工 | | 工时 | 14.1 | 21.6 | 31.3 | 47.5 |
| 初级工 | | 工时 | 122.5 | 140.9 | 160.1 | 186.8 |
| 合计 | | 工时 | 139.4 | 165.8 | 195.3 | 239.1 |
| 合金钻头 | | 个 | 0.99 | 1.69 | 2.48 | 3.55 |
| 炸药 | | Kg | 25.03 | 33.17 | 39.56 | 45.90 |
| 雷管 | | 个 | 22.85 | 30.34 | 36.22 | 42.06 |
| 导火线 | | m | 61.94 | 82.12 | 97.96 | 113.68 |
| 导电线 | | m | 113.01 | 149.80 | 178.67 | 207.33 |
| 其他材料 | | % | 18 | 18 | 18 | 18 |
| 风钻 | 手持式 | 台时 | 4.83 | 8.53 | 13.80 | 22.96 |
| 其他机械费 | | % | 10 | 10 | 10 | 10 |
| 编号 | | | 20065 | 20066 | 20067 | 20068 |

**图 7-2　石方开挖工程定额样例**

三-8 浆砌块石

工作内容：选石、修石、冲洗、拌浆、砌石、勾缝。

单位：100m³

| 项目 | 单位 | 护 坡 | | 护 底 | 基 础 | 挡土墙 | 挡土墙 |
|---|---|---|---|---|---|---|---|
| | | 平面 | 曲面 | | | | |
| 工长 | 工时 | 16.8 | 19.2 | 14.9 | 13.3 | 16.2 | 17.7 |
| 高级工 | 工时 | | | | | | |
| 中级工 | 工时 | 346.1 | 423.5 | 284.1 | 236.2 | 329.5 | 376.5 |
| 初级工 | 工时 | 475.8 | 515.7 | 443.9 | 415 | 464.6 | 490 |
| 合计 | 工时 | 838.7 | 958.4 | 742.9 | 664.5 | 810.3 | 884.2 |
| 块石 | m³ | 108.00 | 108.00 | 108.00 | 108.00 | 108.00 | 108.00 |
| 砂浆 | m³ | 35.30 | 35.30 | 35.30 | 34.00 | 34.40 | 34.80 |
| 其他材料 | % | 0.5 | 0.5 | 0.5 | 0.5 | 0.5 | 0.5 |
| 砂浆搅拌机 0.4m³ | 台时 | 6.35 | 6.35 | 6.35 | 6.12 | 6.19 | 6.26 |
| 胶轮车 | 台时 | 158.68 | 158.68 | 158.68 | 155.52 | 156.49 | 157.46 |
| 编号 | | 30017 | 30018 | 30019 | 30020 | 30021 | 30022 |

**图7-3 土石填筑工程定额样例**

四-10 底板

适用范围：溢流堰、护坦、铺盖、阻滑板、闸底板、趾板等。

单位：100m³

| 项目 | 单位 | 厚 度 (cm) | | |
|---|---|---|---|---|
| | | 100 | 200 | 400 |
| 工长 | 工时 | 15.6 | 11.0 | 7.7 |
| 高级工 | 工时 | 20.9 | 14.6 | 10.2 |
| 中级工 | 工时 | 276.7 | 193.5 | 135.6 |
| 初级工 | 工时 | 208.8 | 146.1 | 102.3 |
| 合计 | 工时 | 522.0 | 365.2 | 255.8 |
| 混凝土 | m³ | 103 | 103 | 103 |
| 水 | m³ | 120 | 100 | 70 |
| 其他材料 | % | 0.5 | 0.5 | 0.5 |
| 振动器 1.1kW | 台时 | 40.05 | 40.05 | 40.05 |
| 风水枪 | 台时 | 14.92 | 10.44 | 7.31 |
| 其他机械费 | % | 3 | 3 | 3 |
| 混凝土拌制 | m³ | 103 | 103 | 103 |
| 混凝土运输 | m³ | 103 | 103 | 103 |
| 编号 | | 40058 | 40059 | 40060 |

注：当溢流堰堰高>4m时则选四-1节坝定额。

**图7-4 混凝土工程定额样例**

（3）第三行：定额单位和分类。定额单位要写在本节的最左侧列，分类名称所占的列数与该类别下的子目数相同，各类别分别合并单元格。

（4）第四行：子目序号。不管本节下面有几个类别，定额中类别用(1)、(2)等编号，所有的子目都要统一编号，该行子目序号是本节中所有子目的统一编号，从1开始。

（5）第五行：定额编号。按照定额中的编号输入。

## 五-11　矩形渡槽槽身模板

**适用范围**：矩形渡槽槽身。

**工作内容**：钢围令及钢支架制作，预埋铁件制作，模板运输；钢支架安装，
　　　　　　模板安装、拆除、除灰、刷脱模剂，维修、倒仓，拉筋割断。

单位：100m²

| 项目 | 单位 | 制作 | 安装、拆除 |
|---|---|---|---|
| 工长 | 工时 | 1.4 | 15.4 |
| 高级工 | 工时 | 6.6 | 74.9 |
| 中级工 | 工时 | 12.1 | 164.7 |
| 初级工 | 工时 | 1.9 | 2.6 |
| 合计 | 工时 | 22.0 | 257.6 |
| 锯材 | m³ | 0.24 | |
| 组合钢模板 | Kg | 74.45 | |
| 型钢 | Kg | 70.04 | |
| 卡扣件 | Kg | 39.21 | |
| 铁件 | Kg | 7.88 | |
| 预埋铁件 | Kg | | 61.71 |
| 混凝土柱 | m³ | | 0.06 |
| 电焊条 | Kg | 0.50 | 1.00 |
| 其他材料费 | % | 2 | 2 |
| 圆盘锯 | 台时 | 0.38 | |
| 双面刨床 | 台时 | 0.40 | |
| 型钢剪断机　13kW | 台时 | 0.14 | |
| 钢筋切断机　20kW | 台时 | 0.03 | |
| 汽车起重机　5t | 台时 | | 9.76 |
| 载重汽车　5t | 台时 | 0.23 | |
| 电焊机　25kVA | 台时 | 1.14 | 2.00 |
| 其他机械费 | % | 5 | 5 |
| 编号 | | 50045 | 50046 |

图 7-5　模板工程定额样例

图 7-6　定额库格式

（6）第六行：定额子目的名称。定额子目的名称规定了该子目适用于哪个具体的对象，这个名称要进行归纳，如图 7-1 中定额编号 10021 子目的名称可归纳为："上口宽度 1～2 m，深度 1.5～2 m"；图 7-3 中定额编号 30017 子目的名称可归纳为："平面护坡"。子目的名称只占一个单元格，这个单元格与对应的定额编号为同一列。

（7）第六行以下是定额的人材机内容，根据具体的定额按照图 7-6 的格式来输入，其中"材料 1"中的"1"是指该定额有几项材料，如没有材料或机械就输"材料 0"或"机械 0"。很多定额

中的“零星材料费”“其他材料费”“其他机械费”都看作一项材料或一项机械。

# 第二节　用 Excel 查找定额编号

找到“建筑工程概算表”,按照图 7-7 右侧、图 7-8 的格式编制表格。

| | A | B | C | D | E | F | G | H | I | J | K | L |
|---|---|---|---|---|---|---|---|---|---|---|---|---|
| 1 | 水闸建筑工程概算表 | | | | | | | | | 定额编号查询处 | | |
| 2 | 编号 | | 工程或费用名称 | 单位 | 数量 | 定额编号 | 单价（元） | 合价（元） | 30029 | 土石填筑工程20 | 浆砌块石06 | 30029(平面护坡) |
| 3 | 壹 | | 建筑工程 | | | | | 277450.12 | | | | |
| 4 | 一 | | 主体建筑工程 | | | | | 29082.90 | | | | |
| 5 | （一） | | 上游引渠段 | | | | | 3336.58 | | | | |
| 6 | 1 | 1 | 上游左岸M10浆砌石护坡 | $m^2$ | 4.51 | 30029 | 256.79 | 1158.10 | | | | |
| 7 | 2 | 2 | 上游左岸护坡碎石垫层 | $m^3$ | 2.17 | 30001 | 137.59 | 298.57 | | | | |
| 8 | 3 | 3 | 上游右岸M10浆砌石护坡 | $m^2$ | 4.51 | 30029 | 256.79 | 1158.10 | | | | |
| 9 | 4 | 4 | 上游右岸护坡碎石垫层 | $m^3$ | 2.17 | 30001 | 137.59 | 298.57 | | | | |
| 10 | 5 | 5 | 上游M10浆砌石护底 | $m^3$ | 1.40 | 30031 | 249.25 | 348.94 | | | | |
| 11 | 6 | 6 | 上游浆砌石护底碎石垫层 | $m^3$ | 0.54 | 30001 | 137.59 | 74.30 | | | | |
| 12 | （二） | | 铺盖段 | | | | | 4929.59 | | | | |
| 13 | 1 | 7 | 上游左岸M10浆砌石护坡 | $m^3$ | 7.54 | 30030 | 266.21 | 2007.20 | | | | |

图 7-7

| | L | M | N | O | P | Q |
|---|---|---|---|---|---|---|
| 1 | 处 | | | | | |
| 2 | 30029(平面护坡) | 章 | 节 | 目 | | |
| 3 | | 土方开挖工程52 | 土方开挖工程52 | | | |
| 4 | | 石方开挖工程46 | 人工挖一般土方03 | 10001(Ⅰ～Ⅱ类土) | 10002(Ⅲ类土) | 10003(Ⅳ类土) |
| 5 | | 土石填筑工程20 | 人工挖冻土方02 | 10004(人力开挖≤40cm冻土厚 | 10005(松动爆破>40cm冻土厚度) | |
| 6 | | 混凝土工程61 | 人工挖渠道土方15 | 10006(Ⅰ～Ⅱ类土上口宽≤1m) | 10007(Ⅰ～Ⅱ类土上口宽1～2 | 10008(Ⅰ～Ⅱ类 |
| 7 | | 模板工程22 | 人工挖沟槽土方09 | 10021(Ⅰ～Ⅱ类土上口宽≤1m) | 10022(Ⅰ～Ⅱ类土上口宽1～2 | 10023(Ⅰ～Ⅱ类 |
| 8 | | 砂石备料工程40 | 人工挖柱坑土方 | | | |
| 9 | | 钻孔灌浆及锚固工程45 | 人工挖平洞土方 | | | |
| 10 | | 疏浚工程37 | 人工挖斜井土方 | | | |
| 11 | | 其他工程15 | 人工挖倒沟槽土方 | | | |
| 12 | | | 人工挖倒柱坑土方 | | | |
| 13 | | | 人工挖倒柱坑土方（修边） | | | |
| 14 | | | 人工挖一般土方人力挑（抬）运输 | | | |
| 15 | | | 人工挖渠道土方人力挑（抬）运输 | | | |
| 16 | | | 人工挖沟槽土方人力挑（抬）运输 | | | |
| 17 | | | 人工挖倒沟槽土方人力挑（抬）运输 | | | |
| 18 | | | 人工挖柱坑土方人力挑（抬）运输 | | | |
| 19 | | | 人工挖柱坑土方人力挑（抬）运输（修边） | | | |
| 20 | | | 人工挖倒柱坑土方人力挑（抬）运输 | | | |

图 7-8

先看一下图 7-8,现行的水利部 2002《水利工程建筑工程概算定额》共有 9 章,把这 9 章的题目输入 M 列。大家可能已经注意到,图 7-8 中 M 列“章”下面每一行章的名称后面都跟着一个数字,如“土方开挖工程 52”。这个“52”是指土方开挖工程这一章下面共有 52 节,主要是为编制公式方便设计的。

在 N 列中把每一章每一节的名称输入。“每一行节的名称后面也有一个数字,如“人工挖一般土方 03”,这个“03”是指“人工挖一般土方”这一节下面共有 3 个子目,单个数字前面要加“0”,这也是为编制公式方便设计的。这样设计也能帮助大家清晰地了解定额。

在 O 列(目这一列)往后对应着每一节输入每一个子目的名称。“章”和“节”是往下排列的,而“目”是往右排列的,这也是为了编制公式方便。每一节中所有的目都要和该节的名称在同一行。

编写“目”的名称时进行了归纳,例如:在定额中显示的如图 7-9、图 7-10 所示,“一 -1 人工挖一般土方”这一节共有三个目,三个目的名称分别归纳为 10001(Ⅰ ~ Ⅱ类土)、10002(Ⅲ类土)、10003(Ⅳ类土)。

## 一-1 人工挖一般土方

适用范围：一般土方开挖

工作内容：挖松、就近堆放

单位：100m³

| 项目 | 单位 | 土类级别 | | |
|---|---|---|---|---|
| | | I ~ II | III | IV |
| 工长 | 工时 | 0.8 | 1.6 | 2.7 |
| 高级工 | 工时 | | | |
| 中级工 | 工时 | | | |
| 初级工 | 工时 | 41.2 | 80.3 | 134.5 |
| 合计 | 工时 | 42 | 81.9 | 137.2 |
| 零星材料费 | % | 5 | 5 | 5 |
| 编号 | | 10001 | 10002 | 10003 |

图 7-9

## 一-2 人工挖冻土方

工作内容：1.人力开挖：挖冻土。

2.松动爆破：掏眼、装药、填塞、爆破、安全处理及挖土等。

单位：100m³

| 项目 | 单位 | 厚度　(cm) | | 装运卸 50m | 增运 50m |
|---|---|---|---|---|---|
| | | ≤40 | >40 | | |
| | | 人力开挖 | 松动爆破 | | |
| 工长 | 工时 | 10.5 | 3.1 | 2.5 | |
| 高级工 | 工时 | | | | |
| 中级工 | 工时 | | | | |
| 初级工 | 工时 | 514.5 | 150.9 | 120.0 | 18.2 |
| 合计 | 工时 | 525.0 | 154.0 | 122.5 | 18.2 |
| 零星材料费 | % | 2 | | 2 | |
| 炸药 | Kg | | 10 | | |
| 雷管 | 个 | | 15 | | |
| 导火线 | m | | 50 | | |
| 其他材料费 | % | | 2 | | |
| 胶轮车 | 台时 | | | 74.00 | 10.4 |
| 编号 | | 10004 | 10005 | 10006 | 10007 |

图 7-10

"人工挖冻土方"这一节共有两个目,两个目的名称分别归纳为 10004(人力开挖 ≤40 cm 冻土厚度)、10005(松动爆破 >40 cm 冻土厚度)。

有的节中又对定额进行了分类,按照分类标号(1)、(2)等,不管怎样分,归纳的名称要利于准确地套用定额。

名称前面的定额编号是必需的,后面我们要经常用到这个定额编号。

再来看图 7-7,J2 单元格用来选择定额的"章"。是这样编写的:点击数据(菜单)→数据有效性→序列→来源: = $ M $3 : $ M $11,这样在 J2 单元格就可以选择所有的章。

K2 单元格数据→数据有效性→序列→来源: = OFFSET( $ N $3,MATCH(J2,$ N $3 : $ N $350,0),0,RIGHT(J2,2),1)

**帮助**　K2 单元格要完成的功能是:J2 单元格选择了哪一章,K2 单元格中就要显示哪一章所有的节。先回忆一下 OFFCET( )函数各项参数的意义，OFFCET(原点，从原点移动的行数，从原点移动的列数，新的区域的行数，新的区域的列数)。我们把 N3 单元格定为原点，所有章的名称都在 N3 单元格的下边，都在 N3：N350 这一列区域中。先要找到 J2 单元格选中的章在 N3：N350 区域中第几行，这要用到 MATCH(查找的内容，查找的行或列区域，0)函数，查找的内容在 J2 中，查找的区域是 N3：N350。在 K2 单元格中显示这一章的所有节，需要通过 OFFICE( )函数生成的新的区域，包括所有的节。这个区域的开始行应当是这一章的名称所在行的下一行，这下一行正好是从 N3 这个原点开始移动了这一章所在行的行数。这个区域的结束行由新的区域的行数确定。新的区域的行数就是这一章中所有的节数，在 J2 单元格显示的章名称的最右端两位数，因此用函数 RIGHT(J2,2)获得，这是个文本函数，从 J2 这个文本的最右端取两个文本。

　　L2 单元格数据→数据有效性→序列→来源：= OFFSET( $N $3,MATCH( K2,$N $3：$N $350,0) – 1,1,1,RIGHT( K2,2))，这个公式与上一个公式类似，请对照上面的帮助，认真理解。

　　I2 单元格：= LEFT( L2,5)，在 I2 单元格中显示找到的定额编号。

　　如果按照图 7-7、图 7-8 的格式编好所有的章、节、目以后，我们用哪一项定额基本就能在这个 Excel 表格里找到了。例如：

　　"上游左岸 M10 浆砌石护坡"这一分项工程要套哪一个定额呢，我们先找到"土石填筑工程 20"这一章，之后找到"浆砌块石 06"这一节，最后找到"30029(平面护坡)"这一子目。

　　子目前面 5 位数字的定额编号会被 I2 单元格自动读取，我们把 I2 单元格显示的定额编号手动输入左边"建筑工程概算表"中相应的分项工程的定额编号列。如手动把"30029"这个定额编号输入 F5 单元格。

　　下面的工作就是根据这个"30029"查找相应的工程单价。那么这些工程单价在哪里？我们还没有去编制它。

　　所以如何根据查找到的定额和前面我们准备好的基础单价来编制工程单价呢？这是一项非常重要的工作，也是整个概预算工作中工作量最大的工作。

# 第八章　建筑工程单价编制

## 第一节　用 Excel 编制建筑工程单价

### 一、搭建工程单价表格

插入一个工作表,名字改为"工程单价计算表",如图 8-1 所示。第 1 行不要输,合并单元格 A1:I1。第 2 行不要输,合并单元格 A2:E2。第 3 行中 A3 输入"定额编号",F3 输入"定额单位"。第 4 行按照图 8-1 所示的内容和位置输入。

| 编号 | | | 名称及规格 | 单位 | 数量 | 单价（元） | 合价（元） | |
|---|---|---|---|---|---|---|---|---|
| | | 30034 | | | 52 | 6 | 定额单位 | 100m3 | 3.2 |
| | | | **浆砌块石桥墩、闸墩** | | | | 97 | |
| | | | 工作内容:选石、修石、冲洗、拌制砂浆、砌筑、勾缝 | | | | | |
| 一 | | | **直接费** | | | | 22172.95 | |
| 1 | | | 基本直接费 | | | | 21197.85 | |
| 所有人材机合计 | | | 人工费 | | | | 5387.40 | |
| | | | 材料费 | | | | 15517.25 | |
| | | | 机械使用费 | | | | 293.20 | |
| ① | | | 人工费1 | 工时 | 910.7 | | 5387.40 | |
| 1 | | | 工长 | 工时 | 18.2 | 9.61 | 174.90 | |
| 2 | | | 高级工 | 工时 | 0 | 8.91 | 0.00 | |
| 3 | | | 中级工 | 工时 | 387.8 | 6.96 | 2699.09 | |
| 4 | | | 初级工 | 工时 | 504.7 | 4.98 | 2513.41 | |
| ② | | | 材料费1 | | | | 15517.25 | |
| 1 | zc15 | | 块石 | m3 | 108 | 85.00 | 9180.00 | |
| 2 | sj3 | | M10砂浆 | m3 | 34.8 | 179.89 | 6260.05 | |
| 3 | | | 其他材料费 | % | 0.5 | | 77.20 | |
| 4 | | | | | | | | |
| 5 | | | | | | | | |
| 6 | | | | | | | | |
| 7 | | | | | | | | |
| 8 | | | | | | | | |
| 9 | | | | | | | | |
| 10 | | | | | | | | |
| 11 | | | | | | | | |
| 12 | | | | | | | | |
| 13 | | | | | | | | |
| 14 | | | | | | | | |
| 15 | | | | | | | | |
| ③ | | | 机械使用费1 | | | | 293.20 | |
| 1 | 2002 | | 混凝土搅拌机出料0.40m3 | 台时 | 6.45 | 22.83 | 147.24 | |
| 2 | 3074 | | 胶轮车 | 台时 | 162.18 | 0.90 | 145.96 | |

**图 8-1　工程单价计算表 1**

从第 5 行开始,A 列为编号列,体现了工程单价的层次关系,其中的内容按照图 8-1 ~ 图 8-3 输入。B 列是为在涂黑的部分输入材料编号和机械定额编号以及配合工序的定额编号保留的,这些编号在使用这个表格时输入,现在不要输入,只把图中涂黑部分的背景用 🎨 ▾ 设置成黄色。C 列中的内容除了 B 列涂黑部分对应的外,其他部分按照图示的文字输入。D 列到 I 列中的文字和数字均不要输,查定额时会自动出现。

| | A | B | C | D | E | F | G | H | I |
|---|---|---|---|---|---|---|---|---|---|
| 31 | ③ | | 机械使用费1 | | | | 293.20 | | |
| 32 | 1 | 2002 | 混凝土搅拌机出料0.40m3 | 台时 | 6.45 | 22.83 | 147.24 | | |
| 33 | 2 | 3074 | 胶轮车 | 台时 | 162.18 | 0.90 | 145.96 | | |
| 34 | 3 | | | | | | | | |
| 35 | 4 | | | | | | | | |
| 36 | 5 | | | | | | | | |
| 37 | 6 | | | | | | | | |
| 38 | 7 | | | | | | | | |
| 39 | 8 | | | | | | | | |
| 40 | 9 | | | | | | | | |
| 41 | 10 | | | | | | | | |
| 42 | 11 | | | | | | | | |
| 43 | 12 | | | | | | | | |
| 44 | 13 | | | | | | | | |
| 45 | 14 | | | | | | | | |
| 46 | 15 | | | | | | | | |
| 47 | ④ | | 配合工序费 | | | | 0.00 | | |
| 48 | a | | 0 | 0 | 0 | | 0.00 | | |
| 49 | | | 工长 | 工时 | | | | | |
| 50 | | | 高级工 | 工时 | | | | | |
| 51 | | | 中级工 | 工时 | | | | | |
| 52 | | | 初级工 | 工时 | | | | | |
| 53 | | | 人工费2 | 工时 | 0.00 | | 0.00 | | |
| 54 | | | 零星材料 | % | | | | | |
| 55 | | | 机械费2 | | | | 0.00 | | |
| 56 | | | | | | | | | |
| 57 | | | | | | | | | |
| 58 | | | | | | | | | |
| 59 | | | | | | | | | |
| 60 | | | | | | | | | |
| 61 | b | | 0 | 0 | 0.00 | | 0.00 | | |
| 62 | | | 工长 | 工时 | | | | | |
| 63 | | | 高级工 | 工时 | | | | | |
| 64 | | | 中级工 | 工时 | | | | | |
| 65 | | | 初级工 | 工时 | | | | | |
| 66 | | | 人工费3 | 工时 | 0.00 | | 0.00 | | |
| 67 | | | 零星材料 | % | | | | | |
| 68 | | | 机械费3 | | | | 0.00 | | |

**图 8-2　工程单价计算表 2**

| | A | B | C | D | E | F | G | H | I |
|---|---|---|---|---|---|---|---|---|---|
| 67 | | | 零星材料 | % | | | | | |
| 68 | | | 机械费3 | | | | 0.00 | | |
| 69 | | | | | | | | | |
| 70 | | | | | | | | | |
| 71 | | | | | | | | | |
| 72 | | | | | | | | | |
| 73 | | | | | | | | | |
| 74 | | | | | | | | | |
| 75 | | 2 | | 其他直接费 | % | | 4.6 | 975.10 | | |
| 76 | 二 | | 间接费 | % | 石方工程 | 9 | 1995.57 | | |
| 77 | 三 | | 企业利润 | % | | 7 | 1691.80 | | |
| 78 | 四 | | 价差 | | | | 2492.61 | | |
| 79 | | zc15 | 块石 | m3 | 108 | 15.00 | 1620.00 | | |
| 80 | | sj3 | M10砂浆 | m3 | 34.8 | 25.08 | 872.61 | | |
| 81 | | | | | | | | | |
| 82 | | | | | | | | | |
| 83 | 材料 | | | | | | | | |
| 84 | | | | | | | | | |
| 85 | | | | | | | | | |
| 86 | | | | | | | | | |
| 87 | | | | | | | | | |
| 88 | | | | | | | | | |
| 89 | | 2002 | 混凝土搅拌机出料0.40m3 | 台时 | 6.45 | 0 | 0.00 | | |
| 90 | | 3074 | 胶轮车 | 台时 | 162.18 | 0 | 0.00 | | |
| 91 | | | | | | | | | |
| 92 | | | | | | | | | |
| 93 | 机械 | | | | | | | | |
| 94 | | | | | | | | | |
| 95 | | | | | | | | | |
| 96 | | | | | | | | | |
| 97 | | | | | | | | | |
| 98 | | | | | | | | | |
| 99 | 五 | | 税金 | % | 3.28 | | 929.98 | | |
| 100 | 六 | | 单价合计 | | | | 29282.90 | | |

**图 8-3　工程单价计算表 3**

图 8-4 清楚地显示了这个"工程单价计算表"各项费用的层次关系。

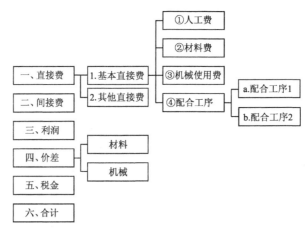

**图 8-4　工程单价计算表中的层次关系**

## 二、表格外面的公式

在这个表格的外面(或周围)有几个单元格需要编公式,这几个单元格是 A1、A2、G2、D3、E3、G3、H3、I3。

C3 单元格已经涂黑,需要手工输入定额编号,这个表格中的所有信息都基于这个定额编号。

A1 单元格为 A1:I1 合并后的单元格,其中的公式是要到"建筑工程定额"库中找出 C3 单元格输入的定额编号所对应的定额的名称。这里需要讨论一下,"工程单价计算表"中的这个名称是应当用定额的名称还是"建筑工程概算表"或"工程量清单"中的名称呢? 比如,"建筑工程概算表"中的名称是"上游左岸 M10 浆砌石护坡""上游右岸 M10 浆砌石护坡"等,定额的名称是"浆砌石平面护坡",也就是说,类似"上游左岸 M10 浆砌石护坡"的工程中的人材机消耗量套用的都是 30029"浆砌石平面护坡"这个定额的消耗量。对于概预算来讲,因为编制概预算的目的是融资,做投资准备,做出的概预算需要投资方的评审,尤其是国家投资项目,需要组织造价专家对上报的概预算投资进行细致的评审,评审很重要的一项就是工程单价的定额依据。所以,为了统一标准,为了评审中很容易就能知道你套用的是哪一个定额,套这个定额是不是准确,所以编制概预算时这里的名称应当用定额的名称。而编制报价时,就是另一回事了,这里的名称必须用"工程量清单"的名称,因为报价中工程单价的人材机消耗量是投标单位自己测算的消耗量,不能生搬定额(可以参考定额)。

A1 单元格:= TRIM(MID(OFFSET(建筑工程定额! ＄A＄1,0,D3 − E3 − 2,1,1),5,30))&INDEX(建筑工程定额! ＄6:＄6,1,D3)

**帮助**　A1 单元格公式的功能是:到"建筑工程定额"库中找出 C3 单元格输入的定额编号所对应的定额的名称。先看一下 C3 单元格输入的定额编号"30034"所对应的定额库,如图 8-5 所示。定额的名称由节的名称"浆砌块石"和目的名称"桥墩、闸墩"两项内容组成。先找节的名称,节的名称都在第一行,关键要知道节的名称所在单元格在定额库的第几列。节所在的单元格是这一节的第 1 列,在每一个定额编号的上面都加了一个序号,这个序号是指这个定额编号在这一节里第"序号 +2"列,因为左边还有"项目"和"单位"这两列,所以 +2。也就是说,节名称的列号等于定额编号的列号 –(序号 +2)+1。

如图 8-5 所示,如果假设 AS 列号是 23,定额编号 30034 对应的列应是 30,按上述公式 30 –(6 +2)+1 =23;定额编号 30033 对应的是 29,29 –(5 +2)+1 =23。因此,只要知道定额编号在定额库中的列号和上面的序号,根据这个公式就能推出节所在单元格的列号。

| | AS | AT | AU | AV | AW | AX | AY | AZ |
|---|---|---|---|---|---|---|---|---|
| 1 | | | | 三-8 浆砌块石 | | | | |
| 2 | 工作内容: 选石、修石、冲洗、拌制砂浆、砌筑、勾缝 | | | | | | | |
| 3 | 100m³ | | | | | | | |
| 4 | | | 1 | 2 | 3 | 4 | 5 | 6 |
| 5 | | | 30029 | 30030 | 30031 | 30032 | 30033 | 30034 |
| 6 | 项目 | 单位 | 平面护坡 | 曲面护坡 | 护底 | 基础 | 挡土墙 | 桥墩、闸墩 |
| 7 | 工长 | 工时 | 17.3 | 19.8 | 15.4 | 13.7 | 16.7 | 18.2 |
| 8 | 高级工 | 工时 | | | | | | |
| 9 | 中级工 | 工时 | 356.5 | 436.2 | 292.6 | 243.3 | 339.4 | 387.8 |
| 10 | 初级工 | 工时 | 490.1 | 531.2 | 457.2 | 427.4 | 478.5 | 504.7 |
| 11 | 合计 | 工时 | 863.9 | 987.2 | 765.2 | 684.4 | 834.6 | 910.7 |
| 12 | 材料3 | | | | | | | |
| 13 | 块石 | m³ | 108 | 108 | 108 | 108 | 108 | 108 |
| 14 | 砂浆 | m³ | 35.3 | 35.3 | 35.3 | 34.0 | 34.4 | 34.8 |
| 15 | 其他材料费 | % | 0.5 | 0.5 | 0.5 | 0.5 | 0.5 | 0.5 |
| 16 | 机械2 | | | | | | | |
| 17 | 砂浆搅拌机0.4m³ | 台时 | 6.54 | 6.54 | 6.54 | 6.30 | 6.38 | 6.45 |
| 18 | 胶轮车 | 台时 | 163.44 | 163.44 | 163.44 | 160.19 | 161.18 | 162.18 |

图 8-5

通过以上的分析,要想知道节的名称所在的单元格在定额库的第几列,需要先知道定额编号在定额库的第几列和定额编号上面的序号。再来看一下图 8-1,我们把定额编号的列号放到 D3,把序号放到 E3。

D3 单元格:= MATCH(C3,建筑工程定额! $5:$5,0)

这个公式的含义是:找出 C3 单元格输入的定额编号在定额库中所在的列号,图 8-1 中返回的数是 52,说明 30034 这个定额在定额库中第 52 列。

E3 单元格:= INDEX(建筑工程定额! $4:$4,1,D3)

这个公式的含义是:找出 C3 单元格输入的定额编号上面的序号。INDEX(区域,区域的第几行,区域的第几列),返回指定区域中指定行和指定列交叉的单元格中的内容。

现在我们对 A1 单元格的公式做一下分析。

= TRIM(MID(OFFSET(建筑工程定额! $A$1,0,D3 – E3 – 2,1,1),5,30))&INDEX(建筑工程定额! $6:$6,1,D3)

先看 OFFSET(建筑工程定额! $A$1,0,D3 – E3 –2,1,1)。原点是整个定额库的最左上角的单元格 A1,由于节名称所在的单元格是在定额库的第 1 行,所以行数偏移量是 0;列的偏移量是 D3 – E3 – 2,按照图 8-1 中的数字,应是 52 – 6 – 2 =44,也就是说,比 A1 单元格偏移了 44 列的单元格是哪一列,可以打开一个 Excel 表格数一下,应该是 AS 单元格,如图 8-5 所示;后面两个参数都是 1,说明新的区域变成了 1 个单元格,函数会返回这个单元格的内容,即节的名称。"OFFSET(建筑工程定额!＄A＄1,0,D3－E3－2,1,1)"也可以用"INDEX(建筑工程定额!1∶1,1,D3－E3－1)"代替,说明公式不是唯一的。

节的名称返回的是"三－8 浆砌块石",我们只需要"浆砌块石",把前面的章节编号还有一个空格去掉,所以用 MID()函数。MID(文本,从左边数第几个字符开始,取多少个字符)。MID("三－8 浆砌块石",5,30)从第 5 个字符"浆"开始取 30 个字符,没有 30 个字符用空格补充,为什么取 30 个呢,因为很多节的名称较长,30 个就够了。

把取出来的带了很多空格的文本再用 TRIM()函数把空格去掉,TRIM(文本)去掉文本左右多余的空格。

INDEX(建筑工程定额!＄6∶＄6,1,D3)就好理解了,目的名称在第 6 行,与定额编号在同一列,很容易找到。"＆"是把两个文本连接起来。

A2 单元格:＝INDEX(建筑工程定额!＄2∶＄2,1,D3－E3－1)

A2 单元格为 A2∶E2 合并后的单元格,公式的作用是把定额的工作内容和适用范围读出来。

C3 单元格为手动输入的定额编号。

G3 单元格:＝INDEX(建筑工程定额!＄3∶＄3,1,D3－E3－1)

G3 单元格是返回这个定额的"定额单位"。

H3 单元格:＝VALUE(MID(INDEX(建筑工程定额!12∶12,1,D3－E3－1),3,2))

H3 单元格是返回这一节中的材料数,VALUE()转化为数值。

I3 单元格:＝VALUE(MID(OFFSET(建筑工程定额!＄A＄12,H3＋1,D3－E3－2,1,1),3,2))

I3 单元格是返回这一节中的机械数。

G2 单元格:＝ROWS(G4∶G100)。这个单元格计算出来的数是表格的行数。因为不同的定额含有的材料数、机械数等都不同,造成工程单价计算表的行数会有差别。由于 Execl 表格编制的公式是静态的,不像用计算机语言编写的程序可以动态地绘制表格,我们必须在工程单价计算表中留有足够的行,并在空白行也编上公式,以适应不同的定额编号。所以,很多定额编号的工程单价计算表会有很多空行,这些空行需要删除,删除后 G2 单元格的数会变化,记录这个数很有用。

## 三、表格里面的公式

表格里面大部分的内容都属于"基本直接费",其他部分可根据"基本直接费"乘以费率计算。

"基本直接费"中包括了四项内容:①人工费;②材料费;③机械费;④配合工序。

### (一)人工费

人工费包括"工长""高级工""中级工""初级工"四行,其数量在"建筑工程定额"库中分别对应第 7 行、第 8 行、第 9 行和第 10 行。所以:

E11 单元格:＝INDEX(建筑工程定额!＄7∶＄7,1,D3);E12 单元格:＝INDEX(建筑工程定额!＄8∶＄8,1,D3);……。"单价"一列分别到"基础单价"表中读取,如:F11 单元格:＝基础单价!＄E＄2。"合价"一列 F11 单元格:＝E11＊F11。

### (二)材料费

材料费区域一共有 15 行(见图 8-6),为什么留 15 行呢,因为在研究了水利部《水利建筑工程概算定额》后发现,有的定额最多需要 15 种材料,但大部分定额用不了那么多,所以套用定额时,材料区域大部分是空行,这个不要紧,套完后把空行删除就行了。这就是 Excel 本身的局限了,如果用"宏"编代码,就不用留空行。

| | A | B | C | D | E | F | G | H I |
|---|---|---|---|---|---|---|---|---|
| 1 | | | 浆砌块石平面护坡 | | | | | |
| 2 | 工作内容:选石、修石、冲洗、拌制砂浆、砌筑、勾缝 | | | | | | 97 | |
| 3 | 定额编号 | 30029 | | 47 | | 1 定额单位 | 100m3 | 3 2 |
| 4 | 编号 | | 名称及规格 | 单位 | 数量 | 单价（元） | 合价（元） | |
| 5 | 一 | | **直接费** | | | | 19716.92 | |
| 6 | 1 | | 基本直接费 | | | | 18849.83 | |
| 7 | 所有人材机合计 | | 人工费 | | | | 4967.25 | |
| 8 | | | 材料费 | | | | 13586.82 | |
| 9 | | | 机械使用费 | | | | 295.76 | |
| 10 | ① | | 人工费1 | 工时 | 863.9 | | 4967.25 | |
| 11 | 1 | | 工长 | 工时 | 17.3 | 9.47 | 163.83 | |
| 12 | 2 | | 高级工 | 工时 | 0 | 8.77 | 0.00 | |
| 13 | 3 | | 中级工 | 工时 | 356.5 | 6.82 | 2431.33 | |
| 14 | 4 | | 初级工 | 工时 | 490.1 | 4.84 | 2372.08 | |
| 15 | ② | | 材料费1 | | | | 13586.82 | |
| 16 | 1 | zc15 | 块石 | m3 | 108 | 70.00 | 7560.00 | |
| 17 | 2 | sj3 | M10砂浆 | m3 | 35.3 | 168.82 | 5959.23 | |
| 18 | 3 | | 其他材料费 | % | 0.5 | | 67.60 | |
| 19 | 4 | | | | | | | |
| 20 | 5 | | | | | | | |
| 21 | 6 | | | | | | | |
| 22 | 7 | | | | | | | |
| 23 | 8 | | | | | | | |
| 24 | 9 | | | | | | | |
| 25 | 10 | | | | | | | |
| 26 | 11 | | | | | | | |
| 27 | 12 | | | | | | | |
| 28 | 13 | | | | | | | |
| 29 | 14 | | | | | | | |
| 30 | 15 | | | | | | | |

**图 8-6 材料费区域**

材料费区域的第 1 列按顺序编号 1～15,这个序号是有用的,用来和 H3 单元格的该定额的材料数比较,如果序号大于材料数,就表示定额中没有材料了,就返回空格。

材料区域的第 2 列涂成了黄颜色,这一列没有公式,需要用户自己填,填什么呢? 需要填材料编号。为什么要填材料编号? 因为定额中的材料名称与我们编制的"材料预算价格表"中的名称不一样,如定额中"砂浆"材料、"混凝土"材料不分强度和级配,我们必须根据图纸的设计强度和级配确定用什么样的"砂浆"和"混凝土",其他材料也有类似的情况,也就是说,定额中注重的是材料的消耗量,至于材料的名称和规格,要根据工程的设计和实际情况选择。因此,这里填写材料编号的目的就是把定额中的材料转换成"材料预算价格表"中的名称和规格,同时又能把"材料预算价格表"的材料预算价和价差读出来。比较一下图 8-7 ~ 图 8-9 就清楚了。

"材料预算价格表"中"ZC"代表"主要材料","CC"代表"次要材料","SJ"代表"砂浆","HNT"代表"混凝土"。

这么多材料,材料的编号记不住怎么办,所以我们在表格的旁边建一个"材料编号查询处",如图 8-10 所示。

## 浆砌块石平面护坡

工作内容：选石、修石、冲洗、拌制砂浆、砌筑、勾缝　　　　97

定额编号　　30029　　　　　　　　47　　1 定额单位 100m3　　3 2

| 编号 | | 名称及规格 | 单位 | 数量 | 单价（元） | 合价（元） | |
|---|---|---|---|---|---|---|---|
| 一 | | **直接费** | | | | 5505.10 | |
| 1 | | 基本直接费 | | | | 5263.01 | |
| 所有人材机合计 | | 人工费 | | | | 4967.25 | |
| | | 材料费 | | | | 0.00 | |
| | | 机械使用费 | | | | 295.76 | |
| ① | | 人工费1 | 工时 | 863.9 | | 4967.25 | |
| 1 | | 工长 | 工时 | 17.3 | 9.47 | 163.83 | |
| 2 | | 高级工 | 工时 | 0 | 8.77 | 0.00 | |
| 3 | | 中级工 | 工时 | 356.5 | 6.82 | 2431.33 | |
| 4 | | 初级工 | 工时 | 490.1 | 4.84 | 2372.08 | |
| ② | | 材料费1 | | | | 0.00 | |
| 1 | | 块石 | m3 | 108 | | | |
| 2 | | 砂浆 | m3 | 35.3 | | "定额中的名称" | |
| 3 | | 其他材料费 | | | | 0.00 | |

**图 8-7　没有输材料编号之前**

## 浆砌块石平面护坡

工作内容：选石、修石、冲洗、拌制砂浆、砌筑、勾缝　　　　97

定额编号　　30029　　　　　　　　47　　1 定额单位 100m3　　3 2

| 编号 | | 名称及规格 | 单位 | 数量 | 单价（元） | 合价（元） | |
|---|---|---|---|---|---|---|---|
| 一 | | **直接费** | | | | 19716.92 | |
| 1 | | 基本直接费 | | | | 18849.83 | |
| 所有人材机合计 | | 人工费 | | | | 4967.25 | |
| | | 材料费 | | | | 13586.82 | |
| | | 机械使用费 | | | | 295.76 | |
| ① | | 人工费1 | 工时 | 863.9 | | 4967.25 | |
| 1 | | 工长 | 工时 | 17.3 | 9.47 | 163.83 | |
| 2 | | 高级工 | 工时 | 0 | 8.77 | 0.00 | |
| 3 | | 中级工 | 工时 | 356.5 | 6.82 | 2431.33 | |
| 4 | | 初级工 | 工时 | 490.1 | 4.84 | 2372.08 | |
| ② | | 材料费1 | | | | 13586.82 | |
| 1 | zc15 | 块石 | m3 | 108 | 70.00 | 7560.00 | |
| 2 | sj3 | M10砂浆 | m3 | 35.3 | 168.82 | 5959.23 | |
| 3 | | 其他材料费 | | | "材料预算价格"中的名称 | | 67.60 | |

**图 8-8　输入材料编号之后**

### 材料预算价格表　　　　　元/单位

| 材料编号 | 材料名称及规格 | 单位 | 原价 | 单位毛重 | 包装费 | 运杂费 | | 采保费 | | 运输保险费 | | 预算价 | 基价 | 价差 | 扣除价差的预算价 |
|---|---|---|---|---|---|---|---|---|---|---|---|---|---|---|---|
| | | | | | | 运杂费 | 费率% | 采保费 | 费率% | 费率% | 运保费 | | | | |
| ZC1 | 钢筋 | t | 2312.5 | 1 | | 65.05 | | | 78.46 | 0.8 | 18.5 | 2474.51 | 2560 | 0 | 2474.51 |
| ZC2 | 水泥32.5 | t | 330 | | | | | | | | | 330.00 | 255 | 75 | 255.00 |
| ZC3 | 水泥42.5 | t | 380 | | | | | | | | | 380.00 | 255 | 125 | 255.00 |
| ZC4 | 石子 | m3 | 85 | | | | | | | | | 85.00 | 70 | 15 | 70.00 |
| ZC5 | 砂子 | m3 | 72 | | | | | | | | | 72.00 | 70 | 2 | 70.00 |
| ZC6 | 外加剂 | kg | 235 | | | | | | | | | 235.00 | | 0 | 235.00 |
| ZC7 | 粉煤灰 | kg | 50 | | | | | | | | | 50.00 | | 0 | 50.00 |
| ZC8 | 汽油 | kg | 3.7 | | | | | | | | | 3.70 | 3.075 | 0.625 | 3.08 |
| ZC9 | 柴油 | kg | 3.6 | | | | | | | | | 3.60 | 2.99 | 0.61 | 2.99 |
| ZC10 | 煤 | kg | 0.3 | | | | | | | | | 0.30 | | 0 | 0.30 |
| ZC11 | 炸药 | kg | 8 | | | | | | | | | 8.00 | 5.15 | 2.85 | 5.15 |
| ZC12 | 雷管 | 个 | 10 | | | | | | | | | 10.00 | | 0 | 10.00 |
| ZC13 | 导线火线 | m | 5 | | | | | | | | | 5.00 | | 0 | 5.00 |
| ZC14 | 导线电线 | m | 3 | | | | | | | | | 3.00 | | 0 | 3.00 |
| ZC15 | 块石 | m3 | 85 | | | | | | | | | 85.00 | 70 | 15 | 70.00 |
| CC1 | 合金钻头 | 个 | 32 | | | | | | | | | 32.00 | | 0 | 32.00 |
| CC2 | 粘土 | m3 | 5 | | | | | | | | | 5.00 | | 0 | 5.00 |
| CC3 | 编织袋 | 个 | 10 | | | | | | | | | 10.00 | | 0 | 10.00 |
| SJ1 | M5砂浆 | m3 | | | | | | | | | | 151.02 | | 18.085 | 132.93 |
| SJ2 | M7.5砂浆 | m3 | | | | | | | | | | 166.08 | | 21.795 | 144.29 |
| SJ3 | M10砂浆 | m3 | | | | | | | | | | 179.89 | | 25.075 | 154.81 |
| SJ4 | M12.5砂浆 | m3 | | | | | | | | | | 193.96 | | 28.56 | 165.40 |
| SJ5 | M15砂浆 | m3 | | | | | | | | | | 210.74 | | 32.515 | 178.22 |
| SJ6 | M20砂浆 | m3 | | | | | | | | | | 227.18 | | 36.395 | 190.79 |

**图 8-9　材料预算价格表**

**图 8-10　材料编号查询处**

"材料编号查询处"中"材料名称"要与"材料预算价格表"中的"材料名称及规格"完全一致,"材料名称"列即 K3 单元格的下拉列表用数据的有效性方法设置,L3 单元格材料编号中的公式为:

=INDEX(材料预算价格表! A:B,MATCH(K3,材料预算价格表! B:B,0),1)

弄清楚以上这些内容,我们就可以编写材料区域的公式了。

图 8-6 材料区域的第 3 列 1~15 行即 C16~C30 单元格中的每个单元格都有公式,如 C16 单元格的公式为:=IF(B16="",IF(A16 <=H $3,INDEX(建筑工程定额! 13:13,1,D $3-E $3-1),""),VLOOKUP(B16,材料预算价格表! A:B,2,FALSE))

公式说明:如果 B16 单元格是空的,即没有输入材料编号时,需要到"建筑工程定额"这个表中查找"定额中的材料名称";否则,如果 B16 单元格不是空的,即已经输入了材料编号,那么就要到"材料预算价格表"中查找"材料预算价格表中的材料名称"。写 C17~C30 单元格的公式时,先选中 C16 单元格,然后拖动复制。

材料区域的第 4 列即 D 列是材料对应的单位,这些单位是从定额库中读取的。

D16 单元格的公式为:=IF(A16 <=H $3,INDEX(建筑工程定额! 13:13,1,D $3-E $3),""),D17~C30 以后的公式拖动复制。

第 5 列是材料的定额消耗量,当然也是从定额库中读取的。

E16 单元格的公式为:=IF(A16 <=H $3,INDEX(建筑工程定额! 13:13,1,D $3),"")

F 列是材料的预算价格,是从"材料预算价格表"中读取的。只是需要注意的是,如果这项材料有基价,且预算价超过了基价,此处的材料价格按基价读取。这在"材料预算价格表"中的最后一列即第 27 列"扣除价差的预算价"这一列体现了这一点,如图 8-9 所示。

所以,F16 单元格的公式为:=IF(D16="%","",IF(B16="","",VLOOKUP(B16,材料预算价格表! A:AA,27,FALSE)))

**(三)机械使用费**

与材料区域类似,机械使用费区域也是 15 行(见图 8-11),第 1 列按顺序编号 1~15,这个序号也是有用的,用来和 I3 单元格的该定额的机械数比较,如果序号大于机械数,就表示定额中没有机械了,就返回空格。

机械区域的第 2 列也涂成了黄颜色,这一列没有公式,也是需要用户自己填,填的是机械台时定额编号。这些机械定额编号是水利部《水利工程施工机械台时费定额》中的定额编号。

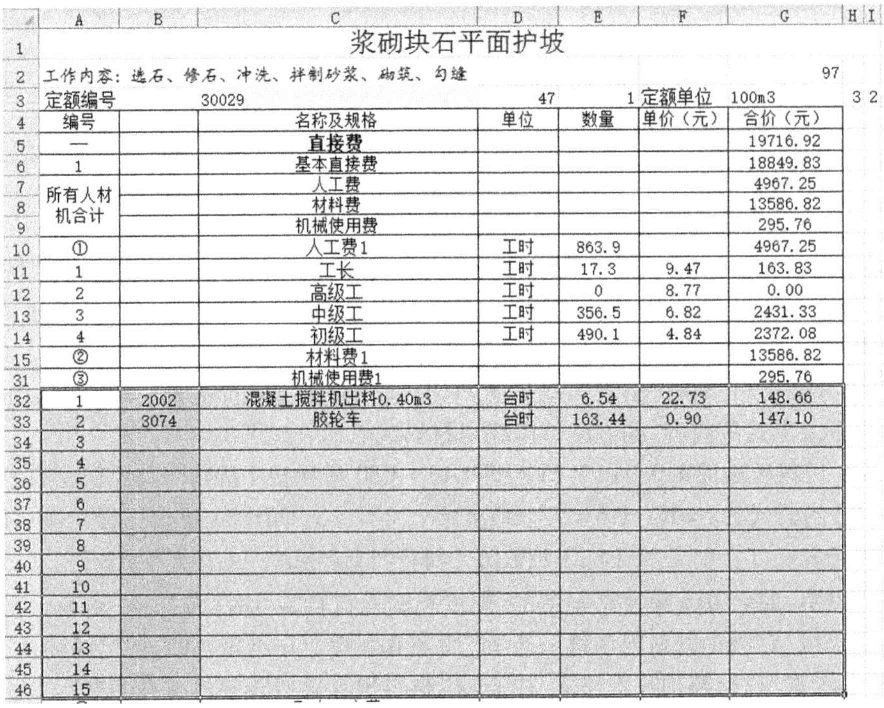

**图 8-11　机械使用费区域**

这么多机械,机械的定额编号也是不好记的,所以我们在表格的旁边再建一个"机械台时定额编号查询处",如图 8-12 所示。

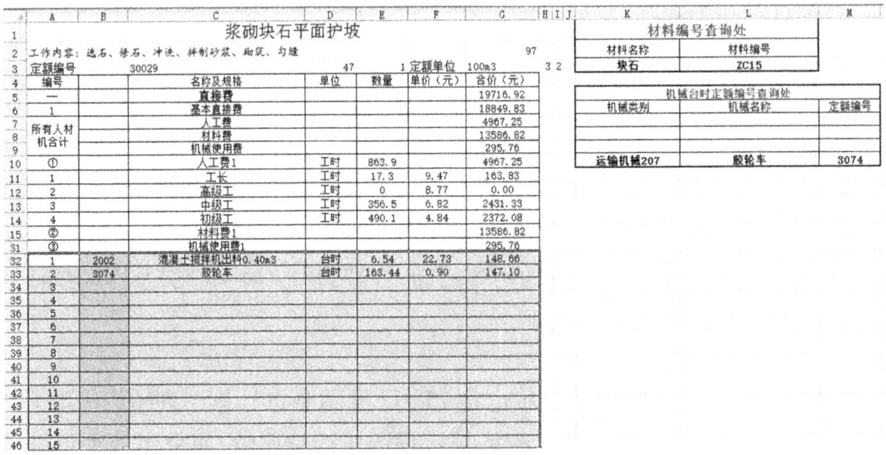

**图 8-12　机械台时定额编号查询处**

机械台时定额编号查询处的编制方法如下:

我们已经把水利部《水利工程施工机械台时费定额》1 244 个定额全部输入电脑中,所以需要建一个机械定额库,插入一个工作表,改名为"机械定额",按图 8-13 编排机械定额。

| | 项目 | 单位 | 0.5m³油动单斗挖掘机 | 1.0m³油动单斗挖掘机 | 2.0m³电动单斗挖掘机 | 3.0m³电动单斗挖掘机 | 4.0m³电动单斗挖掘机 | 10.0m³电动单斗挖掘机 | 12.0m³电动单斗挖掘机 |
|---|---|---|---|---|---|---|---|---|---|
| | 折旧费 | 元 | 21.97 | 28.77 | 41.56 | 68.28 | 175.15 | 437.4 | 487.67 |
| （一） | 修理及替换设备费 | 元 | 20.47 | 29.63 | 43.57 | 55.67 | 84.67 | 166.52 | 188.34 |
| | 安装拆卸费 | 元 | 1.48 | 2.42 | 3.08 | | | | |
| | 小计 | 元 | 43.92 | 60.82 | 88.21 | 123.95 | 259.82 | 603.92 | 676.01 |
| | 人工 | 工时 | 2.7 | 2.7 | 2.7 | 2.7 | 2.7 | 2.9 | 2.9 |
| | 汽油 | kg | | | | | | | |
| （二） | 柴油 | kg | 10.7 | 14.2 | | | | | |
| | 电 | kW·h | | | 100.6 | 128.1 | 166.8 | 266.8 | 373.6 |
| | 风 | m³ | | | | | | | |
| | 水 | m³ | | | | | | | |
| | 煤 | kg | | | | | | | |
| | 备注 | | | | ※ | ※ | ※ | ※ | |
| | 编号 | | 1001 | 1002 | 1003 | 1004 | 1005 | 1006 | 1007 |
| | 台时费（元/工时） | | 99.78 | 128.93 | 155.35 | 204.41 | 359.03 | 752.93 | 876.75 |
| | 价差（元/工时） | | 1.07 | 1.42 | 0 | 0 | 0 | 0 | 0 |

| 土石方机械138 | | 土石方机械138 |
|---|---|---|
| 1001 | 单斗挖掘机油动0.5m³ | 混凝土机械107 |
| 1002 | 单斗挖掘机油动1.0m³ | 运输机械207 |
| 1003 | 单斗挖掘机电动2.0m³ | 起重机械177 |
| 1004 | 单斗挖掘机电动3.0m³ | 砂石料加工机械100 |
| 1005 | 单斗挖掘机电动4.0m³ | 钻孔灌浆机械038 |
| 1006 | 单斗挖掘机电动10.0m³ | 工程船舶212 |
| 1007 | 单斗挖掘机电动12.0m³ | 动力机械039 |
| 1008 | 单斗挖掘机液压0.6m³ | 其他机械226 |
| 1009 | 单斗挖掘机液压1.0m³ | |
| 1138 | 吊斗容2m³ | |
| 混凝土机械107 | | |
| 2001 | 混凝土搅拌机出料0.25m³ | |

工程单价计算表　费率表　建筑工程定额　机械定额　基础单价　人工单价标准　机械汇总表　材料预算价格表

**图 8-13　机械台时定额库**

图 8-13 中第 16 行和第 17 行是有公式的。第 16 行是台时费,因为第(一)类费用本身就是费用,而第(二)类费用主要是人工费、柴油和汽油费以及电、风、水的价格,这些都属于基础单价,前面已经算出来。所以,这里完全可以把 1 244 项机械台时定额的台时费算出来,在"机械定额"库中干脆把台时费都算出来了,基础单价一变化,这些台时费自然也就跟着变化。第 17 行是材料价差,为什么这里还有材料价差呢,因为根据 429 号文件规定,汽油、柴油需要限价,其基价分别是 3 075 元/t 和 2 990 元/t,所以这里需要对汽油或柴油进行调差。

如:D16 单元格的公式为: = D5 + D6 * 基础单价! ＄E ＄4 + D7 * 材料预算价格表! ＄AA ＄12 + D8 * 材料预算价格表! ＄AA ＄13 + D9 * 基础单价! ＄D ＄16 + D10 * 基础单价! ＄F ＄20 + D11 * 基础单价! ＄H ＄22 + D12 * 材料预算价格表! ＄AA ＄14(注意:汽油、柴油、煤分别在"材料预算价格表"中的第 12、13、14 行)。

D17 单元格的公式为: = D7 * 材料预算价格表! ＄Z ＄12 + D8 * 材料预算价格表! ＄Z ＄13

注意:以上公式是按照 429 号文件的规定编制的,营改增后,"水总〔2016〕132 号"对主要材料的基价和一类费用进行了调整,使用中要根据文件规定对相应公式进行修改。

按照图 8-13 中第 19 行以下的编排格式把机械定额的编号、名称、个数列出来。

完成以上工作就可以对图 8-12 中 K10 单元格进行设置了,设置的方法还是利用数据的有效性,在"来源"中写入公式: = 机械定额! ＄D ＄19:＄D ＄27。

L10 单元格也是利用数据的有效性,在"来源"中写入公式: = OFFSET(机械定额! ＄B ＄19,MATCH( ＄K ＄10,机械定额! ＄B ＄19:＄B ＄1271,0),0,RIGHT( ＄K ＄10,3),1)

M10 单元格的公式为：= INDEX(机械定额！$A$19:$B$1271,MATCH($L$10,机械定额！$B$19:$B$1271,0),1)

这样,输入机械台时定额编号之后,机械的名称、台时费和价差就可从机械台时定额库中读出来。如图 8-14、图 8-15 所示。

| | A | B | C | D | E | F | G | H I |
|---|---|---|---|---|---|---|---|---|
| 1 | | | 浆砌块石平面护坡 | | | | | |
| 2 | 工作内容：选石、修石、冲洗、拌制砂浆、砌筑、勾缝 | | | | | | | 97 |
| 3 | 定额编号 | 30029 | | 47 | | 1 | 定额单位 | 100m3 | 3 2 |
| 4 | 编号 | | 名称及规格 | 单位 | 数量 | 单价（元） | 合价（元） | |
| 5 | 一 | | **直接费** | | | | 19407.55 | |
| 6 | 1 | | 基本直接费 | | | | 18554.07 | |
| 7 | 所有人材机合计 | | 人工费 | | | | 4967.25 | |
| 8 | | | 材料费 | | | | 13586.82 | |
| 9 | | | 机械使用费 | | | | 0.00 | |
| 10 | ① | | 人工费1 | 工时 | 863.9 | | 4967.25 | |
| 11 | 1 | | 工长 | 工时 | 17.3 | 9.47 | 163.83 | |
| 12 | 2 | | 高级工 | 工时 | 0 | 8.77 | 0.00 | |
| 13 | 3 | | 中级工 | 工时 | 356.5 | 6.82 | 2431.33 | |
| 14 | 4 | | 初级工 | 工时 | 490.1 | 4.84 | 2372.08 | |
| 15 | ② | | 材料费1 | | | | 13586.82 | |
| 31 | ③ | | 机械使用费1 | | | | 0.00 | |
| 32 | 1 | | 砂浆搅拌机0.4m3 | 台时 | 6.54 | | 建筑工程定额中的名称 | |
| 33 | 2 | | 胶轮车 | | | | | |
| 34 | 3 | | | | | | | |

**图 8-14　输入机械台时定额编号之前**

| | A | B | C | D | E | F | G | H I |
|---|---|---|---|---|---|---|---|---|
| 1 | | | 浆砌块石平面护坡 | | | | | |
| 2 | 工作内容：选石、修石、冲洗、拌制砂浆、砌筑、勾缝 | | | | | | | 97 |
| 3 | 定额编号 | 30029 | | 47 | | 1 | 定额单位 | 100m3 | 3 2 |
| 4 | 编号 | | 名称及规格 | 单位 | 数量 | 单价（元） | 合价（元） | |
| 5 | 一 | | **直接费** | | | | 19716.92 | |
| 6 | 1 | | 基本直接费 | | | | 18849.83 | |
| 7 | 所有人材机合计 | | 人工费 | | | | 4967.25 | |
| 8 | | | 材料费 | | | | 13586.82 | |
| 9 | | | 机械使用费 | | | | 295.76 | |
| 10 | ① | | 人工费1 | 工时 | 863.9 | | 4967.25 | |
| 11 | 1 | | 工长 | 工时 | 17.3 | 9.47 | 163.83 | |
| 12 | 2 | | 高级工 | 工时 | 0 | 8.77 | 0.00 | |
| 13 | 3 | | 中级工 | 工时 | 356.5 | 6.82 | 2431.33 | |
| 14 | 4 | | 初级工 | 工时 | 490.1 | 4.84 | 2372.08 | |
| 15 | ② | | 材料费1 | | | | 13586.82 | |
| 31 | ③ | | 机械使用费1 | | | | 295.76 | |
| 32 | 1 | 2002 | 混凝土搅拌机出料0.40m3 | 台时 | 6.54 | 22.73 | 148.66 | |
| 33 | 2 | 3074 | 胶轮车 | | | | 机械台时定额库中的名称 | |

**图 8-15　输入机械台时定额编号之后**

图 8-15 中,C32 单元格的公式为：= IF(B32 = "",IF(A32 < = I$3,OFFSET(建筑工程定额！A13,H$3+1,D$3−E$3−2,1,1),""),VLOOKUP(B32,机械定额！$A$23:$B$1274,2,FALSE))

D32 单元格的公式为：= IF(A32 < = I$3,OFFSET(建筑工程定额！A13,H$3+1,D$3−E$3−1,1,1),"")

E32 单元格的公式为：= IF(A32 < = I$3,OFFSET(建筑工程定额！A13,H$3+1,D$3−1,1,1),"")

F32 单元格的公式为：= IF(D32 = "%","",IF(B32 = "","",HLOOKUP(B32,机械定额！$D$14:$AUY$17,3,FALSE)))

G32 单元格的公式为：= IF(D32 = "%",SUM(OFFSET(G$32,0,0,I$3−1,1)) *

$E32/100, IF(B32 = "", "", E32 * F32))$

选中 C32~G32 拖动复制一直到第 46 行,把公式复制下来。

**(四)配合工序**

下节专门讲配合工序。

# 第二节　工程单价中的配合工序价格

"配合工序"属于辅助工作,在《建筑工程概算定额》中共有 4 个配合工序,分别是第二章石方开挖工程中的"石渣运输"和第三章土石坝物料压实中的"土石料运输"以及第四章混凝土工程中的"混凝土拌制""混凝土运输"。也就是说,要完整地完成石方开挖这项工程,光开挖工作还不行,还要通过"石渣运输",把开挖出的石渣堆放到指定地点。要完整地完成一个混凝土构件的浇筑,光浇筑工作还不行,还要包括混凝土的拌制、运输工作。

配合工序的单价如何计算?实际上配合工序也是一项独立的工作,在《建筑工程概算定额》中有相应的定额可查。所以,我们这里的"配合工序"还得套定额。

图 8-16 显示 40057 这个定额有两个配合工序:"混凝土拌制"和"混凝土运输"。这两

| | | 底板厚度100cm | | | | | | |
|---|---|---|---|---|---|---|---|---|
| | 适用范围:溢流堰、护坦、铺盖、阻滑板、闸底板、趾板等 | | | | | | 97 | |
| 定额编号 | | 40057 | 86 | | 1 定额单位 | | 100m3 | 3 3 |
| 编号 | | 名称及规格 | 单位 | 数量 | 单价(元) | | 合价(元) | |
| 一 | | **直接费** | | | | | 36775.11 | |
| 1 | | 基本直接费 | | | | | 35157.85 | |
| 所有人材机合计 | | 人工费 | | | | | 3624.68 | |
| | | 材料费 | | | | | 30444.07 | |
| | | 机械使用费 | | | | | 1089.11 | |
| ① | | 人工费1 | 工时 | 586 | | | 3624.68 | |
| 1 | | 工长 | 工时 | 17.6 | 9.47 | | 166.67 | |
| 2 | | 高级工 | 工时 | 23.4 | 8.77 | | 205.22 | |
| 3 | | 中级工 | 工时 | 310.6 | 6.82 | | 2118.29 | |
| 4 | | 初级工 | 工时 | 234.4 | 4.84 | | 1134.50 | |
| ② | | 材料费1 | | | | | 30444.07 | |
| ③ | | 机械使用费1 | | | | | 1089.11 | |
| ④ | | 配合工序费 | | | | | 0.00 | |
| a | | 混凝土拌制 | m3 | 112 | | | 0.00 | |
| | | 工长 | 工时 | | | | | |
| | | 高级工 | 工时 | | | | | |
| | | 中级工 | 工时 | | | | | |
| | | 初级工 | 工时 | | | | | |
| | | 人工费2 | 工时 | 0.00 | | | | |
| | | 零星材料 | % | | | | | |
| | | 机械费2 | | | | | 0.00 | |
| | | | | | | | | |
| | | | | | | | | |
| | | | | | | | | |
| | | | | | | | | |
| | | | | | | | | |
| b | | 混凝土运输 | m3 | 112.00 | | | 0.00 | |
| | | 工长 | 工时 | | | | | |
| | | 高级工 | 工时 | | | | | |
| | | 中级工 | 工时 | | | | | |
| | | 初级工 | 工时 | | | | | |
| | | 人工费3 | 工时 | 0.00 | | | | |
| | | 零星材料 | % | | | | | |
| | | 机械费3 | | | | | 0.00 | |

**图 8-16　配合工序区域**

个工序的单价费用也是由人工费、材料费、机械使用费组成的。人工费共有 4 项,材料费只有"零星材料",是按人工费与机械使用费之和作为计算基础的。不固定的只有机械费中的机械台数,所以机械费下面预留了 5~6 行。

"混凝土拌制"共有"搅拌机拌制混凝土""搅拌楼拌制混凝土""强制式搅拌楼拌制混凝土"三节定额,9 个定额子目;"混凝土运输"有 24 节定额。到底用哪个定额,定额编号是多少,很难记得住,所以需要在旁边建一个"配合工序定额查询处",如图 8-17 所示。

**图 8-17　配合工序定额查询处**

配合工序定额查询处也是通过"数据有效性"设置,在设置之前需要把相关的节、目列在旁边,共有 4 种配合工序,分别是"土方运输"8 节、"石渣运输"19 节、"混凝土运输"24 节和"混凝土拌制"3 节,相关的"目"在《水利建筑工程概算定额》中找出来列在旁边,便于"查询处"调用。

到底采用哪一个定额,这要根据工程的实际情况,一般由"施工组织设计"中的工艺流程决定。如果施工组织设计中没有,只能由你自己根据工程实际的情况来决定采用哪一个定额。

下面介绍"配合工序"区域的单元格中的公式(见图 8-18~图 8-21)。

C48 单元格: = IF(B48 = "", OFFSET(建筑工程定额! $A$13, H3 + I3 + 1, D3 - E3 - 2, 1, 1), TRIM(MID(INDEX(建筑工程定额! 1:1, 1, A49 - A50 - 1), 5, 30)))&INDEX(建筑工程定额! $6:$6, 1, A49))

A49 单元格: = IF(B48 = "", "", MATCH(B48, 建筑工程定额! $5:$5, 0))

A50 单元格: = IF(B48 = "", "", INDEX(建筑工程定额! $4:$4, 1, A49))

A51 单元格读取该配合工序共有几台机械,公式为: = IF(B48 = "", "", RIGHT(IN-DEX(建筑工程定额! $14:$14, 1, A49 - A50 - 1), 1))

D48 单元格: = OFFSET(建筑工程定额! $A$13, H3 + I3 + 1, D3 - E3 - 1, 1, 1)

E48 单元格: = OFFSET(建筑工程定额! $A$13, H3 + I3 + 1, D3 - 1, 1, 1)

| | A | B | C | D | E | F | G | H I |
|---|---|---|---|---|---|---|---|---|
| 6 | 1 | | 基本直接费 | | | | 35157.85 | |
| 7 | 所有人材 | | 人工费 | | | | 3624.68 | |
| 8 | 机合计 | | 材料费 | | | | 30444.07 | |
| 9 | | | 机械使用费 | | | | 1089.11 | |
| 10 | ① | | 人工费1 | 工时 | 586 | | 3624.68 | |
| 11 | 1 | | 工长 | 工时 | 17.6 | 9.47 | 166.67 | |
| 12 | 2 | | 高级工 | 工时 | 23.4 | 8.77 | 205.22 | |
| 13 | 3 | | 中级工 | 工时 | 310.6 | 6.82 | 2118.29 | |
| 14 | 4 | | 初级工 | 工时 | 234.4 | 4.84 | 1134.50 | |
| 15 | ② | | 材料费1 | | | | 30444.07 | |
| 31 | ③ | | 机械使用费1 | | | | 1089.11 | |
| 47 | ④ | | 配合工序费 | | | | 0.00 | |
| 48 | a | | 混凝土拌制 | m3 | 112 | | 0.00 | |
| 49 | | 这里要填写配合工序的定额编号 | | | | | | |
| 50 | | | 高级工 | 工时 | | | | |
| 51 | | | 中级工 | 工时 | | | | |
| 52 | | | 初级工 | 工时 | | | | |
| 53 | | | 人工费2 | 工时 | 0.00 | | 0.00 | |
| 54 | | | 零星材料 | % | | | | |
| 55 | | | 机械费2 | | | | 0.00 | |
| 56 | | | | | | | | |
| 57 | | | | | | | | |
| 58 | | | | | | | | |
| 59 | | | | | | | | |
| 60 | | | | | | | | |
| 61 | b | | 混凝土运输 | m3 | 112.00 | | 0.00 | |
| 62 | | 这里也要填写配合工序的定额编号 | | 工长 | 工时 | | | |
| 63 | | | 高级工 | 工时 | | | | |
| 64 | | | 中级工 | 工时 | | | | |
| 65 | | | 初级工 | 工时 | | | | |
| 66 | | | 人工费3 | 工时 | 0.00 | | 0.00 | |
| 67 | | | 零星材料 | % | | | | |
| 68 | | | 机械费3 | | | | 0.00 | |
| 69 | | | | | | | | |

图 8-18 填写定额编号之前

| | A | B | C | D | E | F | G | H I |
|---|---|---|---|---|---|---|---|---|
| 15 | ② | | 材料费1 | | | | 30444.07 | |
| 31 | ③ | | 机械使用费1 | | | | 1089.11 | |
| 47 | ④ | | 配合工序费 | | | | 2831.12 | |
| 48 | a | 40171 | 搅拌机拌制混凝土出料0.4m3 | m3 | 112 | | 1907.73 | |
| 49 | 75 | 这里指40171这个定额在定额库中第75列 | | | 0.00 | 9.47 | 0.00 | |
| 50 | 1 | 这里指40174这个定额是"搅拌机拌制混凝土",这 | | 节的第1个定额 | | 8.77 | 0.00 | |
| 51 | 2 | 这里指40171这个定额中共有2台机械 | | | 141.34 | 6.82 | 963.97 | |
| 52 | | | 初级工 | 工时 | 187.26 | 4.84 | 906.36 | |
| 53 | | | 人工费2 | 工时 | 328.61 | | 1870.32 | |
| 54 | | | 零星材料 | % | 2 | | 37.41 | |
| 55 | | | 机械费2 | | | | 0.00 | |
| 56 | | | 搅拌机 | 台时 | 21.17 | | | |
| 57 | | | 胶轮车 | 台时 | 97.61 | 这几个单元格中的公式都是 | | |
| 58 | | 搅拌机 | | | | 用数据的有效性设置的 | | |
| 59 | | 胶轮车 | | | | | | |
| 60 | | | | | | | | |
| 61 | b | 40182 | 胶轮车运混凝土运距200m | m3 | 112.00 | | 923.39 | |
| 62 | 93 | | 工长 | 工时 | 0.00 | 9.47 | 0.00 | |
| 63 | 3 | | 高级工 | 工时 | 0.00 | 8.77 | 0.00 | |
| 64 | 1 | | 中级工 | 工时 | 0.00 | 6.82 | 0.00 | |
| 65 | | | 初级工 | 工时 | 179.98 | 4.84 | 871.12 | |
| 66 | | | 人工费3 | 工时 | 179.98 | | 871.12 | |
| 67 | | | 零星材料 | % | 6.00 | | 52.27 | |
| 68 | | | 机械费3 | | | | 0.00 | |
| 69 | | | 胶轮车 | 台时 | 138.19 | | | |
| 70 | | | | | | | | |

图 8-19 填写定额编号之后

| 47 | ④ | | 配合工序费 | | | | 2831.12 |
|---|---|---|---|---|---|---|---|
| 48 | a | 40171 | 搅拌机拌制混凝土出料0.4m3 | m3 | 112 | | 1907.73 |
| 49 | 75 | | 工长 | 工时 | 0.00 | 9.47 | 0.00 |
| 50 | 1 | | 高级工 | 工时 | 0.00 | 8.77 | 0.00 |
| 51 | 2 | | 中级工 | 工时 | 141.34 | 6.82 | 963.97 |
| 52 | | | 初级工 | 工时 | 187.26 | 4.84 | 906.36 |
| 53 | | | 人工费2 | 工时 | 328.61 | | 1870.32 |
| 54 | | | 零星材料 | % | 2 | | 37.41 |
| 55 | | | 机械费2 | | | | 0.00 |
| 56 | | | 搅拌机 | 台时 | 21.17 | | |
| 57 | | | 胶轮车 | 台时 | 97.61 | | |
| 58 | | | 这里需要填写机械台时定额编号 | | | | |
| 59 | | | | | | | |
| 60 | | | | | | | |
| 61 | b | 40182 | 胶轮车运混凝土运距200m | m3 | 112.00 | | 923.39 |

**图 8-20　填写机械台时定额编号之前**

| 47 | ④ | | 配合工序费 | | | | 3543.36 |
|---|---|---|---|---|---|---|---|
| 48 | a | 40171 | 搅拌机拌制混凝土出料0.4m3 | m3 | 112 | | 2488.14 |
| 49 | 75 | | 工长 | 工时 | 0.00 | 9.47 | 0.00 |
| 50 | 1 | | 高级工 | 工时 | 0.00 | 8.77 | 0.00 |
| 51 | 2 | | 中级工 | 工时 | 141.34 | 6.82 | 963.97 |
| 52 | | | 初级工 | 工时 | 187.26 | 4.84 | 906.36 |
| 53 | | | 人工费2 | 工时 | 328.61 | | 1870.32 |
| 54 | | | 零星材料 | % | 2 | | 48.79 |
| 55 | | | 机械费2 | | | | 569.03 |
| 56 | | 2002 | 搅拌机 | 台时 | 21.17 | 22.73 | 481.18 |
| 57 | | 3074 | 胶轮车 | 台时 | 97.61 | 0.90 | 87.85 |
| 58 | | | | | | | |
| 59 | | | | | | | |
| 60 | | | | | | | |
| 61 | b | 40182 | 胶轮车运混凝土运距200m | m3 | 112.00 | | 1055.22 |
| 62 | 93 | | 工长 | 工时 | 0.00 | 9.47 | 0.00 |
| 63 | 3 | | 高级工 | 工时 | 0.00 | 8.77 | 0.00 |
| 64 | 1 | | 中级工 | 工时 | 0.00 | 6.82 | 0.00 |
| 65 | | | 初级工 | 工时 | 179.98 | 4.84 | 871.12 |
| 66 | | | 人工费3 | 工时 | 179.98 | | 871.12 |
| 67 | | | 零星材料 | % | 6.00 | | 59.73 |
| 68 | | | 机械费3 | | | | 124.37 |
| 69 | | 3074 | 胶轮车 | 台时 | 138.19 | 0.90 | 124.37 |
| 70 | | | | | | | |
| 71 | | | | | | | |
| 72 | | | | | | | |

工程单价计算表　费率表　建筑工程定额　机械定额　基础单价　人工单价标准　机械汇总表　材料预算价格

**图 8-21　填写机械台时定额编号之后**

E49 单元格：$= \mathrm{IF}(\mathrm{B}48 = \text{""},\text{""},\mathrm{INDEX}(建筑工程定额！\$7:\$7,1,A49) * E48/\mathrm{VALUE}(\mathrm{LEFT}(G3,(\mathrm{LEN}(G3) - \mathrm{LEN}(D48)))))$

由于配合工序的定额单位都是 100 $m^3$，所以公式进行了简化。

G54 单元格：$= \mathrm{IF}(E54 = \text{""},\text{""},(G53 + G55) * E54/100)$

C56 单元格数据有效性中"来源"中的公式为：$= \mathrm{OFFSET}(建筑工程定额！\$A\$14,1,A49 - A50 - 2,A51,1)$

D56 单元格：$= \mathrm{IF}(B48 = \text{""},\text{""},\mathrm{IF}(C56 = \text{""},\text{""},\mathrm{VLOOKUP}(C56,\mathrm{OFFSET}(建筑工程定额！\$A\$13,2,A49 - A50 - 2,A51,A50 + 2),2,\mathrm{FALSE})))$

E56 单元格：$= \mathrm{IF}(B48 = \text{""},\text{""},\mathrm{IF}(C56 = \text{""},\text{""},\mathrm{VLOOKUP}(C56,\mathrm{OFFSET}(建筑工程定额！\$A\$13,2,A49 - A50 - 2,A51,A50 + 2),A50 + 2,\mathrm{FALSE}) * E48/\mathrm{VALUE}(\mathrm{LEFT}(G3,(\mathrm{LEN}(G3) - \mathrm{LEN}(D48))))))$

F56 单元格: = IF( B56 = " " , " " , HLOOKUP( B56,机械定额! ＄D ＄14: ＄AUY ＄17, 3,FALSE) )

G56 单元格: = IF( D56 = " ％ " , SUM( OFFSET( G56,0,0,COUNTA( C56: C60) - 1, 1) ) ＊E56/100 ,IF( B56 = " " , " " , E56 ＊F56) )

其他的公式都是类似的,可以参照编写。

# 第九章 工程单价中的费率和价差

通过第八章的工作，“工程单价”中的“基本直接费”算出来了，除此之外，工程单价中还有其他直接费、间接费、利润、调差、税金这些费用。这些费用除了调差外，都是在基本直接费的基础上乘以相应的百分率计算，如图 9-1 所示。

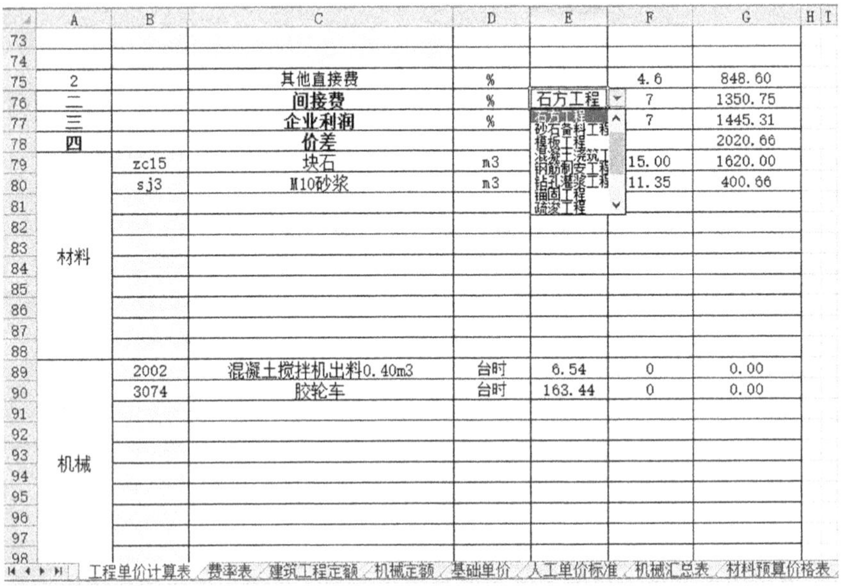

| | A | B | C | D | E | F | G |
|---|---|---|---|---|---|---|---|
| 73 | | | | | | | |
| 74 | | | | | | | |
| 75 | 2 | | 其他直接费 | % | | 4.6 | 848.60 |
| 76 | 二 | | 间接费 | % | 石方工程 | 7 | 1350.75 |
| 77 | 三 | | 企业利润 | % | | 7 | 1445.31 |
| 78 | 四 | | 价差 | | | | 2020.66 |
| 79 | | zc15 | 块石 | m3 | | 15.00 | 1620.00 |
| 80 | | sj3 | M10砂浆 | m3 | | 11.35 | 400.66 |
| 81 | | | | | | | |
| 82 | | | | | | | |
| 83 | 材料 | | | | | | |
| 84 | | | | | | | |
| 85 | | | | | | | |
| 86 | | | | | | | |
| 87 | | | | | | | |
| 88 | | | | | | | |
| 89 | | 2002 | 混凝土搅拌机出料0.40m3 | 台时 | 6.54 | 0 | 0.00 |
| 90 | | 3074 | 胶轮车 | 台时 | 163.44 | 0 | 0.00 |
| 91 | | | | | | | |
| 92 | | | | | | | |
| 93 | 机械 | | | | | | |
| 94 | | | | | | | |
| 95 | | | | | | | |
| 96 | | | | | | | |
| 97 | | | | | | | |
| 98 | | | | | | | |

工程单价计算表 / 费率表 / 建筑工程定额 / 机械定额 / 基础单价 / 人工单价标准 / 机械汇总表 / 材料预算价格表

图 9-1 费率和价差

## 第一节 用 Excel 计算其他直接费

对于其他直接费，《水利工程设计概（估）算编制规定》（水总〔2014〕429 号）的规定如下。

### 一、冬雨季施工增加费

计算方法：根据不同地区，按基本直接费的百分率计算。

（1）西南、中南、华东区，0.5% ~1.0%。

（2）华北区，1.0% ~2.0%。

（3）西北、东北区，2.0% ~4.0%。

（4）西藏自治区，2.0% ~4.0%。

西南、中南、华东区中，按规定不计冬季施工增加费的地区取小值，计算冬季施工增加费的地区可取大值；华北区中，内蒙古等较严寒地区可取大值，其他地区取中值或小值；西北、东北区中，陕西、甘肃等省取小值，其他地区可取中值或大值。各地区包括的省（直辖市、自治区)如下：

华北地区：北京、天津、河北、山西、内蒙古等 5 个省(直辖市、自治区)；

东北地区：辽宁、吉林、黑龙江等 3 个省；

华东地区：上海、江苏、浙江、安徽、福建、江西、山东等 7 个省(直辖市)；

中南地区：河南、湖北、湖南、广东、广西、海南等 6 个省；

西南地区：重庆、四川、贵州、云南等 4 个省(直辖市)；

西北地区：陕西、甘肃、青海、宁夏、新疆等 5 个省(自治区)。

### 二、夜间施工增加费

夜间施工增加费按基本直接费的百分率计算。枢纽工程：建筑工程 0.5%，安装工程 0.7%；引水工程：建筑工程 0.3%，安装工程 0.6%；河道工程：建筑工程 0.3%，安装工程 0.5%。

### 三、特殊地区施工增加费

特殊地区施工增加费指在高海拔、原始森林、沙漠等特殊地区施工而增加的费用，其中高海拔地区施工增加费已计入定额，其他特殊增加费应按工程所在地区规定标准计算，地方没有规定的不得计算此项费用。

### 四、临时设施费

临时设施费按基本直接费的百分率计算。枢纽工程：建筑及安装工程 3%；引水工程：建筑及安装工程 1.8% ~ 2.8%；河道工程：建筑及安装工程 1.5% ~ 1.7%。引水工程：若工程自采加工人工砂石料，该工程临时设施费费率取上限；若工程自采加工天然砂石料，该工程临时设施费费率取中值；若工程采用外购砂石料，该工程临时设施费费率取下限。河道工程：灌溉田间工程临时设施费费率取下限，其他工程取中上限。

### 五、安全生产措施费

按基本直接费的百分率计算。枢纽工程：建筑及安装工程 2.0%；引水工程：建筑及安装工程 1.4% ~ 1.8%；河道工程：建筑及安装工程 1.2%。引水工程：一般取下限标准，隧洞、渡槽等大型建筑物较多的引水工程、施工条件复杂的引水工程取上限标准。

### 六、其他

按基本直接费的百分率计算。枢纽工程：建筑工程 1.0%，安装工程 1.5%；引水工程：建筑工程 0.6%，安装工程 1.1%；河道工程：建筑工程 0.5%，安装工程 1.0%。

特别说明：

(1)砂石备料工程其他直接费费率取 0.5%。

(2)掘进机施工隧洞工程其他直接费取费费率执行如下规定：土石方类工程、钻孔灌浆及锚固类工程，其他直接费费率为 2% ~ 3%；掘进机由建设单位采购、设备费单独列项时，台时费中不计折旧费，土石方类工程、钻孔灌浆及锚固类工程其他直接费费率为

4% ~ 5% 。敞开式掘进机费率取低值,其他掘进机取高值。

插入一个工作表,名字改为"费率表",如图 9-2 所示。

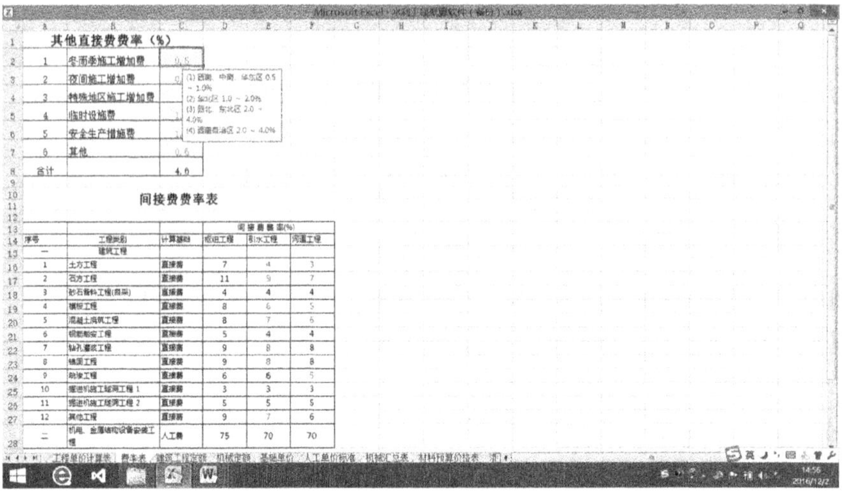

图 9-2　费率表

"其他直接费费率"采用手动输入的方法,只是在输入前能够根据"水总〔2014〕429号文件"的规定给予提示信息。提示信息在"数据有效性"中输入。

# 第二节　用 Excel 计算间接费

根据工程性质,不同间接费标准划分为枢纽工程、引水工程、河道工程三部分标准,间接费费率如表 9-1 所示。

表 9-1　间接费费率

| 序号 | 工程类别 | 计算基础 | 间接费费率(%) | | |
| --- | --- | --- | --- | --- | --- |
| | | | 枢纽工程 | 引水工程 | 河道工程 |
| 一 | 建筑工程 | | | | |
| 1 | 土方工程 | 直接费 | 7 | 4 ~ 5 | 3 ~ 4 |
| 2 | 石方工程 | 直接费 | 11 | 9 ~ 10 | 7 ~ 8 |
| 3 | 砂石备料工程(自采) | 直接费 | 4 | 4 | 4 |
| 4 | 模板工程 | 直接费 | 8 | 6 ~ 7 | 5 ~ 6 |
| 5 | 混凝土浇筑工程 | 直接费 | 8 | 7 ~ 8 | 6 ~ 7 |
| 6 | 钢筋制安工程 | 直接费 | 5 | 4 | 4 |
| 7 | 钻孔灌浆工程 | 直接费 | 9 | 8 ~ 9 | 8 |
| 8 | 锚固工程 | 直接费 | 9 | 8 ~ 9 | 8 |
| 9 | 疏浚工程 | 直接费 | 6 | 6 | 5 ~ 6 |
| 10 | 掘进机施工隧洞工程 1 | 直接费 | 3 | 3 | 3 |
| 11 | 掘进机施工隧洞工程 2 | 直接费 | 5 | 5 | 5 |
| 12 | 其他工程 | 直接费 | 9 | 7 ~ 8 | 6 |
| 二 | 机电、金属结构设备安装工程 | 人工费 | 75 | 70 | 70 |

引水工程：一般取下限标准,隧洞、渡槽等大型建筑物较多的引水工程及施工条件复杂的引水工程取上限标准。河道工程：灌溉田间工程取下限,其他工程取上限。

工程类别划分说明：

(1)土方工程：包括土方开挖与填筑等。

(2)石方工程：包括石方开挖与填筑、砌石、抛石工程等。

(3)砂石备料工程：包括天然砂砾料和人工砂石料的开采加工。

(4)模板工程：包括现浇各种混凝土时制作及安装的各类模板工程。

(5)混凝土浇筑工程：包括现浇和预制各种混凝土、伸缩缝、止水、防水层、温控措施等。

(6)钢筋制安工程：包括钢筋制作与安装工程等。

(7)钻孔灌浆工程：包括各种类型的钻孔灌浆、防渗墙、灌注桩工程等。

(8)锚固工程：包括喷混凝土(浆)、锚杆、预应力锚索(筋)工程等。

(9)疏浚工程,指用挖泥船、水力冲挖机组等机械疏浚江河、湖泊的工程。

(10)掘进机施工隧洞工程1：包括掘进机施工土石方类工程、钻孔灌浆及锚固类工程等。

(11)掘进机施工隧洞工程2：指掘进机设备单独列项采购并且在台时费中不计折旧费的土石方类工程、钻孔灌浆及锚固类工程等。

(12)其他工程：指除表中所列十一类工程以外的其他工程。

在"费率表"中按照图9-3编制"间接费费率表",黑色的部分有取值范围,根据提示信息输入。

图9-3 间接费费率表

图 9-1 中 E76 单元格按照数据有效性设置工程的类别,F76 单元格的公式为: = VLOOKUP(E76,费率表! B16:F28,MATCH(基础单价! B2,费率表! D14:F14,0) + 2, FALSE)

这样,根据 E76 选择的工程类别,F76 就会到"间接费费率表"中读取相应的费率。

## 第三节 用 Excel 计算企业利润

企业利润是(直接费 + 间接费)的 7%,这个都一样,可自行编制公式。

## 第四节 用 Excel 计算材料调差

材料部分、机械部分都得需要调差。

在图 9-4 价差区域 B 列黄色的部分按照"基本直接费"区域的材料编号和机械编号,重复输入这些编号,材料、机械的名称就会显示出来,相应的数量和单价价差也会显示出来。

| | A | B | C | D | E | F | G | H | I |
|---|---|---|---|---|---|---|---|---|---|
| 76 | 二 | | 间接费 | % | 石方工程 | 7 | 1350.75 | | |
| 77 | 三 | | 企业利润 | % | | 7 | 1445.31 | | |
| 78 | 四 | | 价差 | | | | 2020.66 | | |
| 79 | | zc15 | 块石 | m3 | 108 | 15.00 | 1620.00 | | |
| 80 | | sj3 | M10砂浆 | m3 | 35.3 | 11.35 | 400.66 | | |
| 81 | | | | | | | | | |
| 82 | | | | | | | | | |
| 83 | 材料 | | | | | | | | |
| 84 | | | | | | | | | |
| 85 | | | | | | | | | |
| 86 | | | | | | | | | |
| 87 | | | | | | | | | |
| 88 | | | | | | | | | |
| 89 | | 2002 | 混凝土搅拌机出料0.40m3 | 台时 | 6.54 | 0 | 0.00 | | |
| 90 | | 3074 | 胶轮车 | 台时 | 163.44 | 0 | 0.00 | | |
| 91 | | | | | | | | | |
| 92 | | | | | | | | | |
| 93 | 机械 | | | | | | | | |
| 94 | | | | | | | | | |
| 95 | | | | | | | | | |
| 96 | | | | | | | | | |
| 97 | | | | | | | | | |
| 98 | | | | | | | | | |
| 99 | 五 | | | | | | | | |
| 100 | 六 | | | | | | | | |
| 101 | | | | | | | | | |

工程单价计算表 费率表 建筑工程定额 机械定额 基础单价 人工单价标准 机械汇总表 材料预算价格表

**图 9-4 价差区域**

各单元格公式如下:

C79 单元格: = IF(B79 = "","",VLOOKUP(B79,材料预算价格表! A:B,2, FALSE))

D79 单元格: = IF(B79 = "","",VLOOKUP(B79,B15:D30,3,FALSE))

E79 单元格: = IF(B79 = "","",VLOOKUP(B79,B15:E30,4,FALSE))

F79 单元格: = IF(B79 = "","",VLOOKUP(B79,材料预算价格表! A:Z,26,

FALSE))

C89 单元格：

＝IF(B89＝"",""，VLOOKUP(B89,机械定额！＄A＄23：＄B＄1274,2,FALSE))

D89 单元格：＝IF(B89＝"",""，VLOOKUP(B89,B31：D74,3,FALSE))

E89 单元格：＝IF(B89＝"",""，IF(ISERROR(MATCH(B89,B＄31：B＄46)),0,VLOOKUP(B89,B＄31：E＄46,4,FALSE))＋IF(ISERROR(MATCH(B89,B＄56：B＄60)),0,VLOOKUP(B89,B＄56：E＄60,4,FALSE)＋IF(ISERROR(MATCH(B89,B＄69：B＄74)),0,VLOOKUP(B89,B＄69：E＄74,4,FALSE))))

F89 单元格：＝IF(B89＝"",""，HLOOKUP(B89,机械定额！＄D＄14：＄AUY＄17,4,FALSE))

# 第五节　用 Excel 计算税金

为了计算简便,在编制概算时,可按下列公式和税率计算：

税金＝(直接费＋间接费＋材料补差＋利润)×计算税率

按"价税分离"的计价规则计算建筑及安装工程费,即直接费(含人工费、材料费、施工机械使用费和其他直接费)、间接费、利润、材料补差均不包含增值税进项税额,并以此为基础计算增值税税金。现行计算税率标准：10%,可自行编写公式。

# 第六节　工程单价合计

表格中的各项合计项要理清。

直接费＝基本直接费＋其他直接费

间接费＝直接费×间接费费率

企业利润＝(直接费＋间接费)×企业利润率(7%)

税金＝(直接费＋间接费＋企业利润＋价差)×税率

工程单价合计＝直接费＋间接费＋企业利润＋价差＋税金

结合图 8-16、图 9-1 和图 9-4,各单元格中的公式如下：

G5 单元格：＝G6＋G75

G6 单元格：＝G10＋G15＋G31＋G47

G75 单元格：＝G6＊F75/100

G76 单元格：＝＝G5＊F76/100

G77 单元格：＝(G5＋G76)＊F77/100

G78 单元格：＝IF(ISERROR(SUM(G79：G98)),0,SUM(G79：G98))

G99 单元格：＝(G5＋G76＋G77＋G78)＊E99/100

G100 单元格：＝G5＋G76＋G77＋G78＋G99

"工程单价计算表"中的公式较多,结合教材和表格分区域彻底弄清、弄明白。教材中的公式不是唯一的,Excel 中的函数丰富多样,变化无穷,只有多用、多体会才能信手拈来,简练实用。对于编制任何一个单元格中的公式,其出发点就是明确这个单元格要达到什么目的,得到什么结果,由此思考、挖掘 Excel 中的函数,一定要从简单逐步到复杂。

# 第十章　工程单价计算表的应用

## 第一节　选择定额编号

编制工程单价很重要的一项工作就是套定额,套定额首先就是选择定额,每一个定额子目有一个定额编号,所以只要我们知道这个定额子目的定额编号就好办了。水利部2002《水利建筑工程概算定额》共有4 656个定额子目,其编号如何能记得到,所以我们做了一个定额编号查询处,如图10-1所示。

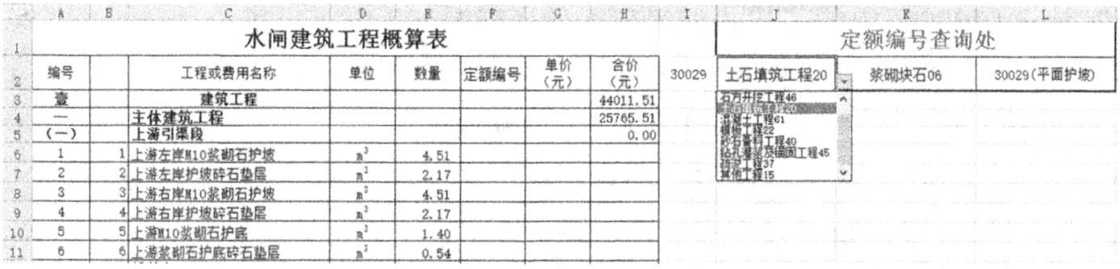

水闸建筑工程概算表

| 编号 | | 工程或费用名称 | 单位 | 数量 | 定额编号 | 单价（元） | 合价（元） |
|---|---|---|---|---|---|---|---|
| 壹 | | 建筑工程 | | | | | 44011.51 |
| 一 | | 主体建筑工程 | | | | | 25765.51 |
| （一） | | 上游引渠段 | | | | | 0.00 |
| 1 | 1 | 上游左岸M10浆砌石护坡 | $m^3$ | 4.51 | | | |
| 2 | 2 | 上游左岸护坡碎石垫层 | $m^3$ | 2.17 | | | |
| 3 | 3 | 上游右岸M10浆砌石护坡 | $m^3$ | 4.51 | | | |
| 4 | 4 | 上游右岸护坡碎石垫层 | $m^3$ | 2.17 | | | |
| 5 | 5 | 上游M10浆砌石护底 | $m^3$ | 1.40 | | | |
| 6 | 6 | 上游浆砌石护底碎石垫层 | $m^3$ | 0.54 | | | |



**图10-1　选择定额编号**

比如“上游左岸浆砌石护坡”要套哪个定额呢？首先我们从这个分项工程的名称看出,这个护坡是浆砌石的,不是混凝土的,也不是草皮的。我们打开J2单元格右侧的下拉箭头,选择定额的“章”,这里面有很多章,肯定不在“土方开挖工程”,也不可能在“石方开挖工程”,最有可能在“土石填筑工程”,选择“土石填筑工程”;再打开K2单元格右侧的下拉箭头,看看有没有“浆砌石”这一节,有好多关于浆砌石的如“浆砌卵石”“浆砌块石”“浆砌条料石”等,到底选哪一节,这得看设计图纸上的图例或图纸上的设计说明或图纸前面的总说明,用的是卵石还是块石还是其他,我们这里选“浆砌块石”,当然,如果我们在进行项目划分时就把这个分项工程的名称起好了,就省事了,比如改成“上游左岸浆砌块石护坡”,这也说明起名称的重要性;再打开L2单元格右侧的下拉箭头,里面有“平面护坡”“曲面护坡”等,用哪一个“子目”呢？也要看图纸是平面护坡还是曲面护坡等,我们这里选“平面护坡”,选完后在I2单元格就会显示选中的定额编号。

## 第二节　计算基本直接费

我们把这个定额编号“30029”记住,转到“工程单价计算表”工作表。

如图10-2所示,在输入定额编号之前表中有很多错误,不用管它,只管在C3单元格中输入定额编号“30029”,如图10-3所示。

图 10-2　"工程单价计算表"输入定额编号之前

图 10-3　"工程单价计算表"输入定额编号之后

"47"表示"30029"定额子目在定额库中第 47 列；

"1"表示"30029"定额子目是"浆砌石"这一节中第 1 个子目；

"97"表示目前这个"工程单价计算表"一共 97 行；

"3"表示"30029"定额子目中有 3 项材料；

"2"表示"30029"定额子目中有 2 项机械。

## 一、计算人工费

只要定额编号输入后，人工费就出来了，如图 10- 4 所示。

图 10-4　定额编号一输入，人工费就出来

## 二、计算材料费

材料费区域有一列黄色区域，这个区域是为输入材料编号留的，如果这个区域中原来有材料编号，一定要先把这些材料编号清除。因为我们这个"工程单价计算表"是个工程单价计算器，一个工程中所有的工程单价都用这个计算器计算，上一个工程单价计算过后，材料编号、机械编号可能没有清除，这会影响本次工程单价计算时定额中材料和机械的调用，所以先把这个区域清除干净。

从图 10-5 可以看出,如果没有清除原来的材料编号,在"浆砌块石平面护坡"中就有雷管、黏土、钢筋等材料,这是不可能的,这个定额中没有这些材料,所以要清除这些材料编号。

| | A | B | C | D | E | F | G | H | I |
|---|---|---|---|---|---|---|---|---|---|
| 1 | | | 浆砌块石平面护坡 | | | | | | |
| 2 | 工作内容:选石、修石、冲洗、拌制砂浆、砌筑、勾缝 | | | | | | 97 | | |
| 3 | 定额编号 | 30029 | | 47 | | 1 | 定额单位 100m3 | | 3 2 |
| 4 | 编号 | | 名称及规格 | 单位 | 数量 | 单价(元) | 合价(元) | | |
| 5 | 一 | | **直接费** | | | | 6405.55 | | |
| 6 | 1 | | 基本直接费 | | | | 6123.85 | | |
| 7 | 所有人材机合计 | | 人工费 | | | | 4569.48 | | |
| 8 | | | 材料费 | | | | 1262.78 | | |
| 9 | | | 机械使用费 | | | | 291.59 | | |
| 10 | ① | | 人工费1 | 工时 | 863.9 | | 4569.48 | | |
| 11 | 1 | | 工长 | 工时 | 17.3 | 8.19 | 141.69 | | |
| 12 | 2 | | 高级工 | 工时 | | 7.57 | 0.00 | | |
| 13 | 3 | | 中级工 | 工时 | 356.5 | 6.33 | 2256.65 | | |
| 14 | 4 | | 初级工 | 工时 | 490.1 | 4.43 | 2171.14 | | |
| 15 | ② | | 材料费1 | | | | 1262.78 | | |
| 16 | 1 | zc12 | 雷管 | m3 | 108 | 10.00 | 1080.00 | | |
| 17 | 2 | cc2 | 粘土 | m3 | 35.3 | 5.00 | 176.50 | | |
| 18 | 3 | zc1 | 钢筋 | % | 0.5 | | 6.28 | | |
| 19 | 4 | | | | | | | | |

**图 10-5　清除材料编号之前**

从图 10-6 中可以看出,清除原来的材料编号之后,"30029"这个定额中的材料都出来了,共有"块石""砂浆""其他材料"3 项材料。

| | A | B | C | D | E | F | G | H | I |
|---|---|---|---|---|---|---|---|---|---|
| 1 | | | 浆砌块石平面护坡 | | | | | | |
| 2 | 工作内容:选石、修石、冲洗、拌制砂浆、砌筑、勾缝 | | | | | | 97 | | |
| 3 | 定额编号 | 30029 | | 47 | | 1 | 定额单位 100m3 | | 3 2 |
| 4 | 编号 | | 名称及规格 | 单位 | 数量 | 单价(元) | 合价(元) | | |
| 5 | 一 | | **直接费** | | | | 5084.68 | | |
| 6 | 1 | | 基本直接费 | | | | 4861.07 | | |
| 7 | 所有人材机合计 | | 人工费 | | | | 4569.48 | | |
| 8 | | | 材料费 | | | | 0.00 | | |
| 9 | | | 机械使用费 | | | | 291.59 | | |
| 10 | ① | | 人工费1 | 工时 | 863.9 | | 4569.48 | | |
| 11 | 1 | | 工长 | 工时 | 17.3 | 8.19 | 141.69 | | |
| 12 | 2 | | 高级工 | 工时 | 0 | 7.57 | 0.00 | | |
| 13 | 3 | | 中级工 | 工时 | 356.5 | 6.33 | 2256.65 | | |
| 14 | 4 | | 初级工 | 工时 | 490.1 | 4.43 | 2171.14 | | |
| 15 | ② | | 材料费1 | | | | 0.00 | | |
| 16 | 1 | | 块石 | m3 | 108 | | | | |
| 17 | 2 | | 砂浆 | m3 | 35.3 | | | | |
| 18 | 3 | | 其他材料费 | % | 0.5 | | 0.00 | | |
| 19 | 4 | | | | | | | | |
| 20 | 5 | | | | | | | | |

**图 10-6　清除材料编号之后**

但是"砂浆"是什么砂浆,强度是多少,定额中不会提供。另外从图 10-6 中看到,这些材料的单价还没出来,所以需要输入材料编号。

材料编号查询处可帮我们查找到相应的材料编号,如图 10-7 和图 10-8 所示。

从图 10-9 可以看出,输入材料编号之后,材料的名称也变了,材料的单价也出来了。

图 10-7　查找块石的编号　　　　　图 10-8　查找 M10 砂浆的编号

| 编号 | | 名称及规格 | 单位 | 数量 | 单价（元） | 合计（元） |
|---|---|---|---|---|---|---|
| | | 浆砌块石平面护坡 | | | | |
| | | 工作内容: 选石、修石、冲洗、拌制砂浆、砌筑、勾缝 | | | | 97 |
| | 30029 | | 47 | 1 定额单位 | 100m3 | 3 2 |
| 编号 | | 名称及规格 | 单位 | 数量 | 单价（元） | 合计（元） |
| 一 | | **直接费** | | | | 19296.49 |
| 1 | | 基本直接费 | | | | 18447.89 |
| 所有人材机合计 | | 人工费 | | | | 4569.48 |
| | | 材料费 | | | | 13586.82 |
| | | 机械使用费 | | | | 291.59 |
| ① | | 人工费1 | 工时 | 863.9 | | 4569.48 |
| 1 | | 工长 | 工时 | 17.3 | 8.19 | 141.69 |
| 2 | | 高级工 | 工时 | 0 | 7.57 | 0.00 |
| 3 | | 中级工 | 工时 | 356.5 | 6.33 | 2256.65 |
| 4 | | 初级工 | 工时 | 490.1 | 4.43 | 2171.14 |
| ② | | 材料费1 | | | | 13586.82 |
| 1 | zc15 | 块石 | m3 | 108 | 70.00 | 7560.00 |
| 2 | sj3 | M10砂浆 | m3 | 35.3 | 168.82 | 5959.23 |
| 3 | | 其他材料费 | % | 0.5 | | 67.60 |

图 10-9　输入材料编号之后

### 三、计算机械使用费

机械使用费的计算与材料费的计算类似，先把机械区域原来的机械台时定额编号清除干净，再到"机械台时定额编号查询处"查找相应的机械台时定额，找到后到相应的单元格输入这些定额编号，如图 10-10 所示。

| | | | | | | |
|---|---|---|---|---|---|---|
| ③ | | 机械使用费1 | | | | 291.59 |
| 1 | 2002 | 混凝土搅拌机出料0.40m3 | 台时 | 6.54 | 22.09 | 144.50 |
| 2 | 3074 | 胶轮车 | 台时 | 163.44 | 0.90 | 147.10 |
| 3 | | | | | | |

图 10-10　输入机械台时定额编号

### 四、计算配合工序费

有的定额中有配合工序，有的则没有，如果没有，在配合工序的名称处就是"0"，如图 10-11 中的 C48 单元格和 C61 单元格，都是"0"，说明这个定额没有配合工序。

图 10-12 中这个定额就有"混凝土拌制"和"混凝土运输"两个工序。工序的费用也是由人工费、材料费和机械使用费组成的，也需要通过套定额查出人材机消耗量。既然需要套定额，就得先知道定额编号，所以我们也编制了一个配合工序定额查询处，如图 10-13 所示。

| | A | B | C | D | E | F | G | H |
|---|---|---|---|---|---|---|---|---|
| 46 | 15 | | | | | | | |
| 47 | ④ | | 配合工序费 | | | | 0.00 | |
| 48 | a | | 0 | 0 | 0 | | 0.00 | |
| 49 | | | 工长 | 工时 | | | | |
| 50 | | | 高级工 | 工时 | | | | |
| 51 | | | 中级工 | 工时 | | | | |
| 52 | | | 初级工 | 工时 | | | | |
| 53 | | | 人工费2 | 工时 | 0.00 | | 0.00 | |
| 54 | | | 零星材料 | % | | | | |
| 55 | | | 机械费2 | | | | 0.00 | |
| 56 | | | 搅拌机 | | | | | |
| 57 | | | 胶轮车 | | | | | |
| 58 | | | | | | | | |
| 59 | | | | | | | | |
| 60 | | | | | | | | |
| 61 | b | | 0 | 0 | 0.00 | | 0.00 | |
| 62 | | | 工长 | 工时 | | | | |

**图 10-11　配合工序**

| | A | B | C | D | E | F | G | H |
|---|---|---|---|---|---|---|---|---|
| 47 | ④ | | 配合工序费 | | | | 0.00 | |
| 48 | a | | 混凝土拌制 | m3 | 112 | | 0.00 | |
| 49 | | | 工长 | 工时 | | | | |
| 50 | | | 高级工 | 工时 | | | | |
| 51 | | | 中级工 | 工时 | | | | |
| 52 | | | 初级工 | 工时 | | | | |
| 53 | | | 人工费2 | 工时 | 0.00 | | 0.00 | |
| 54 | | | 零星材料 | % | | | | |
| 55 | | | 机械费2 | | | | 0.00 | |
| 56 | | | 搅拌机 | | | | | |
| 57 | | | 胶轮车 | | | | | |
| 58 | | | | | | | | |
| 59 | | | | | | | | |
| 60 | | | | | | | | |
| 61 | b | | 混凝土运输 | m3 | 112.00 | | 0.00 | |
| 62 | | | 工长 | 工时 | | | | |
| 63 | | | 高级工 | 工时 | | | | |

**图 10-12　有配合工序的定额子目**

| J | K | L |
|---|---|---|
| 配合工序定额查询处 | | |
| 配合工序 | 节 | 定额子目 |
| 混凝土拌制03　▼ | 拌机拌制混凝土02 | 40171（出料0.4m3） |
| 土方运输08 | | |
| 石渣运输19 | | |
| 混凝土运输24 | | |
| 混凝土拌制03 | | |

**图 10-13　配合工序定额查询处**

从查询处我们可以查到出料 0.4 m³ 的搅拌机拌制混凝土的定额编号是"40171"。

至于用搅拌机还是搅拌楼等有关混凝土工艺流程的资料,需要到施工组织设计中查找。

通过这种方式我们找到配合工序的定额编号,输入表中,如图 10-14 所示。

在"a"工序中,"75"表示"40171"这个定额在定额库中第 75 列,"1"表示这一节中第 1 个定额,"2"表示这个定额中有 2 台机械,"b"工序的几个数字也是这个意思。

| | A | B | C | D | E | F | G | H |
|---|---|---|---|---|---|---|---|---|
| 46 | 15 | | | | | | | |
| 47 | ④ | | 配合工序费 | | | | 2603.94 | |
| 48 | a | 40171 | 搅拌机拌制混凝土出料0.4m3 | m3 | 112 | | 1758.77 | |
| 49 | 75 | | 工长 | 工时 | 0.00 | 8.19 | 0.00 | |
| 50 | 1 | | 高级工 | 工时 | 0.00 | 7.57 | 0.00 | |
| 51 | 2 | | 中级工 | 工时 | 141.34 | 6.33 | 894.71 | |
| 52 | | | 初级工 | 工时 | 187.26 | 4.43 | 829.58 | |
| 53 | | | 人工费2 | 工时 | 328.61 | | 1724.29 | |
| 54 | | | 零星材料 | % | 2 | | 34.49 | |
| 55 | | | 机械费2 | | | | 0.00 | |
| 56 | | | | | | | | |
| 57 | | | | | | | | |
| 58 | | | | | | | | |
| 59 | | | | | | | | |
| 60 | | | | | | | | |
| 61 | b | 40182 | 胶轮车运混凝土运距200m | m3 | 112.00 | | 845.17 | |
| 62 | 93 | | 工长 | 工时 | 0.00 | 8.19 | 0.00 | |
| 63 | 3 | | 高级工 | 工时 | 0.00 | 7.57 | 0.00 | |
| 64 | 1 | | 中级工 | 工时 | 0.00 | 6.33 | 0.00 | |
| 65 | | | 初级工 | 工时 | 179.98 | 4.43 | 797.33 | |
| 66 | | | 人工费3 | 工时 | 179.98 | | 797.33 | |
| 67 | | | 零星材料 | % | 6.00 | | 47.84 | |
| 68 | | | 机械费3 | | | | | |
| 69 | | | | | | | | |
| 70 | | | | | | | | |

**图 10-14　输入配合工序的定额编号之后**

经过研究定额库,发现所有的配合工序都没有材料,只有一个"零星材料"。"零星材料"是以人工费与机械费之和为计算基数的。

我们看到图 10-14 中没出现机械,要出现机械,需要选中机械区域第一个单元格(也就是 C56 这个单元格),这时单元格右侧出现下拉箭头,在下拉的列表框中出现这个工序的所有机械,如图 10-15 所示,按照顺序选,先选第一个,到 C57 单元格再选第二个。

| 47 | ④ | | 配合工序费 | | | | 2603.94 |
|---|---|---|---|---|---|---|---|
| 48 | a | 40171 | 搅拌机拌制混凝土出料0.4m3 | m3 | 112 | | 1758.77 |
| 49 | 75 | | 工长 | 工时 | 0.00 | 8.19 | 0.00 |
| 50 | 1 | | 高级工 | 工时 | 0.00 | 7.57 | 0.00 |
| 51 | 2 | | 中级工 | 工时 | 141.34 | 6.33 | 894.71 |
| 52 | | | 初级工 | 工时 | 187.26 | 4.43 | 829.58 |
| 53 | | | 人工费2 | 工时 | 328.61 | | 1724.29 |
| 54 | | | 零星材料 | % | 2 | | 34.49 |
| 55 | | | 机械费2 | | | | 0.00 |
| 56 | | | | | | | |
| 57 | | | 搅拌机 胶轮车 | | | | |

**图 10-15　选择配合工序的机械**

选择完后的情况如图 10-16 所示。

选择完机械后,机械在配合工序中的台时消耗量就出来了,但台时单价没出来,需要输入机械台时定额才行,机械台时定额编号到上面的查询处去查找。

从图 10-17 中可以看出,输入了机械台时定额编号之后,其台时单价就出来了。至此,配合工序费就算出来了。

注意,表内配合工序中人工、机械的消耗量是定额查出来的消耗量乘以配合工序的消耗量 112 m$^3$,定额中是 100 m$^3$ 的数量。浇筑 100 m$^3$ 的混凝土,在拌制和运输过程中考虑了 12 m$^3$ 的损耗。

| | A | B | C | D | E | F | G | H |
|---|---|---|---|---|---|---|---|---|
| 46 | 15 | | | | | | | |
| 47 | ④ | | 配合工序费 | | | | 2603.94 | |
| 48 | a | 40171 | 搅拌机拌制混凝土出料0.4m3 | m3 | 112 | | 1758.77 | |
| 49 | 75 | | 工长 | 工时 | 0.00 | 8.19 | 0.00 | |
| 50 | 1 | | 高级工 | 工时 | 0.00 | 7.57 | 0.00 | |
| 51 | 2 | | 中级工 | 工时 | 141.34 | 6.33 | 894.71 | |
| 52 | | | 初级工 | 工时 | 187.26 | 4.43 | 829.58 | |
| 53 | | | 人工费2 | 工时 | 328.61 | | 1724.29 | |
| 54 | | | 零星材料 | % | 2 | | 34.49 | |
| 55 | | | 机械费2 | | | | 0.00 | |
| 56 | | | 搅拌机 | 台时 | 21.17 | | | |
| 57 | | | 胶轮车 | 台时 | 97.61 | | | |
| 58 | | | | | | | | |
| 59 | | | | | | | | |
| 60 | | | | | | | | |
| 61 | b | 40182 | 胶轮车运混凝土运距200m | m3 | 112.00 | | 845.17 | |
| 62 | 93 | | 工长 | 工时 | 0.00 | 8.19 | 0.00 | |
| 63 | 3 | | 高级工 | 工时 | 0.00 | 7.57 | 0.00 | |
| 64 | 1 | | 中级工 | 工时 | 0.00 | 6.33 | 0.00 | |
| 65 | | | 初级工 | 工时 | 179.98 | 4.43 | 797.33 | |
| 66 | | | 人工费3 | 工时 | 179.98 | | 797.33 | |
| 67 | | | 零星材料 | % | 6.00 | | 47.84 | |
| 68 | | | 机械费3 | | | | 0.00 | |
| 69 | | | 胶轮车 | 台时 | 138.19 | | | |
| 70 | | | | | | | | |

**图 10-16　已选择完机械的配合工序**

| | A | B | C | D | E | F | G | H |
|---|---|---|---|---|---|---|---|---|
| 46 | 15 | | | | | | | |
| 47 | ④ | | 配合工序费 | | | | 3302.43 | |
| 48 | a | 40171 | 搅拌机拌制混凝土出料0.4m3 | m3 | 112 | | 2325.43 | |
| 49 | 75 | | 工长 | 工时 | 0.00 | 8.19 | 0.00 | |
| 50 | 1 | | 高级工 | 工时 | 0.00 | 7.57 | 0.00 | |
| 51 | 2 | | 中级工 | 工时 | 141.34 | 6.33 | 894.71 | |
| 52 | | | 初级工 | 工时 | 187.26 | 4.43 | 829.58 | |
| 53 | | | 人工费2 | 工时 | 328.61 | | 1724.29 | |
| 54 | | | 零星材料 | % | 2 | | 45.60 | |
| 55 | | | 机械费2 | | | | 555.54 | |
| 56 | | 2002 | 搅拌机 | 台时 | 21.17 | 22.09 | 467.70 | |
| 57 | | 3074 | 胶轮车 | 台时 | 97.61 | 0.90 | 87.85 | |
| 58 | | | | | | | | |
| 59 | | | | | | | | |
| 60 | | | | | | | | |
| 61 | b | 40182 | 胶轮车运混凝土运距200m | m3 | 112.00 | | 977.00 | |
| 62 | 93 | | 工长 | 工时 | 0.00 | 8.19 | 0.00 | |
| 63 | 3 | | 高级工 | 工时 | 0.00 | 7.57 | 0.00 | |
| 64 | 1 | | 中级工 | 工时 | 0.00 | 6.33 | 0.00 | |
| 65 | | | 初级工 | 工时 | 179.98 | 4.43 | 797.33 | |
| 66 | | | 人工费3 | 工时 | 179.98 | | 797.33 | |
| 67 | | | 零星材料 | % | 6.00 | | 55.30 | |
| 68 | | | 机械费3 | | | | 124.37 | |
| 69 | | 3074 | 胶轮车 | 台时 | 138.19 | 0.90 | 124.37 | |
| 70 | | | | | | | | |

**图 10-17　配合工序中输入了机械台时定额编号之后**

# 第三节　计算其他直接费

## 一、选择费率

切换到图 9-3 中的"费率表"这个工作表,参照图 10-18 选择每一项的费率,每一个单元格都有提示,这是根据"429 号文件"的规定添加的提示信息。

| | A | B | C | D | E |
|---|---|---|---|---|---|
| 1 | 其他直接费费率（%） | | | | |
| 2 | 1 | 冬雨季施工增加费 | 0.5 | | |
| 3 | 2 | 夜间施工增加费 | 0.3 | (1) 西南、中南、华东区 0.5 ~ 1.0% | |
| 4 | 3 | 特殊地区施工增加费 | | (2) 华北区 1.0 ~ 2.0% | |
| 5 | 4 | 临时设施费 | 1.8 | (3) 西北、东北区 2.0 ~ 4.0% | |
| 6 | 5 | 安全生产措施费 | 1.4 | (4) 西藏自治区 2.0 ~ 4.0% | |
| 7 | 6 | 其他 | 0.6 | | |
| 8 | 合计 | | 4.6 | | |
| 9 | | | | | |

图 10-18　其他直接费费率的选择

## 二、其他直接费的计算

各项费率选择之后,会自动合计并自动转入"工程单价计算表"的 F75 单元格。程序会自动以基本直接费 G6 单元格的数值为基数乘以费率计算出其他直接费。

其他直接费的费率与工程性质是枢纽工程还是引水工程、是建筑工程还是安装工程有关,所以针对一个工程,选定之后一般不会变动。

# 第四节　计算间接费

## 一、选择费率

还是转到"费率表"中,红色的单元格需要输入费率(见图 10-19),因为这些费率是一个取值范围,需要由用户来确定,每到一个单元格都会提示取值范围。

### 间接费费率表

| 序号 | 工程类别 | 计算基础 | 间接费费率(%) | | |
|---|---|---|---|---|---|
| | | | 枢纽工程 | 引水工程 | 河道工程 |
| 一 | 建筑工程 | | | | |
| 1 | 土方工程 | 直接费 | 7 | 4 | 3 |
| 2 | 石方工程 | 直接费 | 11 | 9　4~5 | 7 |
| 3 | 砂石备料工程(自采) | 直接费 | 4 | 4 | 4 |
| 4 | 模板工程 | 直接费 | 8 | 6 | 5 |
| 5 | 混凝土浇筑工程 | 直接费 | 8 | 7 | 6 |
| 6 | 钢筋制安工程 | 直接费 | 5 | 4 | 4 |
| 7 | 钻孔灌浆工程 | 直接费 | 9 | 8 | 8 |
| 8 | 锚固工程 | 直接费 | 9 | 8 | 8 |
| 9 | 疏浚工程 | 直接费 | 6 | 6 | 5 |
| 10 | 掘进机施工隧洞工程 1 | 直接费 | 3 | 3 | 3 |
| 11 | 掘进机施工隧洞工程 2 | 直接费 | 5 | 5 | 5 |
| 12 | 其他工程 | 直接费 | 9 | 7 | 6 |
| 二 | 机电、金属结构设备安装工程 | 人工费 | 75 | 70 | 70 |

引水工程:一般取下限标准,隧洞、渡槽等大型建筑物较多的引水工程、施工条件复杂的引水工程取上限标准。　河道工程:灌溉田间工程取下限,其他工程取上限。

图 10-19　间接费费率的选择

## 二、间接费的计算

间接费的各项费率在“费率表”选择完后，还不能将费率自动转入“工程单价计算表”，还需要在“工程单价计算表”中参照图 10-20 选择工程类别。

| | A | B | C | D | E | F | G |
|---|---|---|---|---|---|---|---|
| 76 | 二 | | **间接费** | % | 石方工程 | 7 | 2791.97 |
| 77 | 三 | | **企业利润** | % | 砂石备料工程<br>模板工程<br>混凝土浇筑工程<br>钢筋制安工程<br>钻孔灌浆工程<br>锚固工程<br>疏浚工程 | 7 | 2987.41 |
| 78 | 四 | | **价差** | | | | 3189.55 |
| 79 | | zc15 | 块石 | m3 | | 15.00 | 1680.00 |
| 80 | | sj3 | M10砂浆 | m3 | | 11.35 | 1509.55 |
| 81 | | | | | | | |

**图 10-20　间接费中工程类别的选择**

工程类别是指目前正在计算工程单价的这项工程的类别，“浆砌石平面护坡”属于“石方工程”类别，选择后，在 F76 单元格就会出现相应的费率。有了费率，间接费就会以直接费为计算基数自动算出来。

F76 单元格的公式为：= VLOOKUP(E76,费率表! $B $16:$F $28,MATCH(基础单价! $B $2,费率表! $D $14:$F $14,0) +2,FALSE)

# 第五节　计算企业利润

企业利润规定的就是 7%，是以直接费和间接费为计算基数自动计算出来的。

F77 单元格的公式为：= 费率表! $B $32

G77 单元格的公式为：= (G5 + G76) * F77/100

# 第六节　计算材料调差

材料调差就是材料补差，在基本直接费的计算过程中有一处用到材料，有三处用到机械。所以在第 15 行写成“材料费 1”，在第 31、55、68 行分别写成“机械费 1、机械费 2、机械费 3”。不仅有些材料需要调差，有些机械也需要调差，因为大部分机械都用到需要调差的柴油、汽油这些主要材料，所以我们要把以上材料区域出现的材料编号复制到价差的材料区域，把以上三处机械区域出现的机械台时定额编号复制到价差的机械区域（见图 10-21）。如果有重复的机械台时定额编号，复制一个就可以了。

E79 单元格的公式为：= IF ( B79 = "" , "" , VLOOKUP ( B79 , B $15 : E $30 , 4 , FALSE ) )

下面单元格中的公式拖动复制。

E89 单元格的公式为：= IF( B89 = "" , "" , IF( ISERROR( MATCH( B89 , B31 : B46 ) ) , 0 , VLOOKUP( B89 , B31 : E46 , 4 , FALSE ) ) + IF ( ISERROR ( MATCH ( B89 , B56 : B60 ) ) , 0 , VLOOKUP ( B89 , B56 : E60 , 4 , FALSE ) + IF ( ISERROR ( MATCH ( B89 , B69 : B74 ) ) , 0 , VLOOKUP( B89 , B69 : E74 , 4 , FALSE ) ) ) )

| | A | B | C | D | E | F | G | H |
|---|---|---|---|---|---|---|---|---|
| 78 | 四 | | 价差 | | | | 3189.55 | |
| 79 | | zc15 | 块石 | m3 | 112 | 15.00 | 1680.00 | |
| 80 | | sj3 | M10砂浆 | m3 | 133 | 11.35 | 1509.55 | |
| 81 | 材料 | | | | | | | |
| 82 | | | | | | | | |
| 83 | | | | | | | | |
| 84 | | | | | | | | |
| 85 | | | | | | | | |
| 86 | | | | | | | | |
| 87 | | | | | | | | |
| 88 | | | | | | | | |
| 89 | 机械 | 2002 | 混凝土搅拌机出料0.40m3 | 台时 | 67.01 | 0 | 0.00 | |
| 90 | | 3074 | 胶轮车 | 台时 | 252.87 | 0 | 0.00 | |
| 91 | | | | | | | | |
| 92 | | | | | | | | |
| 93 | | | | | | | | |
| 94 | | | | | | | | |
| 95 | | | | | | | | |
| 96 | | | | | | | | |
| 97 | | | | | | | | |
| 98 | | | | | | | | |

**图 10-21　价差区域的应用**

# 第七节　计算税金

在"费率表中输入税率"就可以了。

至此,一个工程单价全部计算完毕,但还有第 7、8、9 行"所有人材机合计"没有提到,如图 10-22 所示,这是为了工程单价汇总使用的,全是自动汇总。

| | A | B | C | D | E | F | G | H | I |
|---|---|---|---|---|---|---|---|---|---|
| 1 | | | 底板厚度100cm | | | | | | |
| 2 | 适用范围:溢流堰、护坦、铺盖、阻滑板、闸底板、趾板等 | | | | | | 97 | | |
| 3 | 定额编号 | 40057 | | 86 | | 1 定额单位 | 100m3 | 3 | 3 |
| 4 | 编号 | | 名称及规格 | 单位 | 数量 | 单价（元） | 合价（元） | | |
| 5 | 一 | | 直接费 | | | | 39885.34 | | |
| 6 | 1 | | 基本直接费 | | | | 38131.30 | | |
| 7 | 所有人材机合计 | | 人工费 | | | | 5847.39 | | |
| 8 | | | 材料费 | | | | 30544.97 | | |
| 9 | | | 机械使用费 | | | | 1738.94 | | |

**图 10-22　所有人材机合计**

# 第八节　编制工程单价表

我们刚做完的这个"工程单价计算表"是个计算器,还没有形成工程上需要的"工程单价分析表",现在要插入一个工作表,改名为"建筑工程单价分析表",在这个工作表里要放入整个工程的所有建筑工程单价表。

在"工程单价计算表"中选中 A1:I100,也就是把工程单价计算器全部选中,点"复制",到"建筑工程单价分析表"中,选择 A1 单元格,点击"粘贴",这样整个工程单价计算器中的表格都复制过来了,删除所有的空行,打印预览,或分页显示,就出现了分页线。

回到"工程单价计算表"中,继续做第二个工程单价,做完后复制,再到"建筑工程单价分析表"中的下一页粘贴,然后删除空行,这样所有的工程单价计算表都复制到了"建筑工程单价分析表"中,每一页一个,便于今后打印。每个工程有几十成百上千个工程单价不等。

　　这项工作很麻烦,实际上做概预算,包括做投标报价,主要就是这项工作,越做越熟,做完一个工程保存起来,再做类似的工程时,有些单价套的定额是一样的,就不用再用"工程单价计算器"算一遍了,一改基础单价,都会自动变。所以,看似麻烦,时间一长,工程做的越多越简单,比任何造价软件都简单。

# 第十一章　用 Excel 编制五大部分工程概算

❖ 第一部分:建筑工程

❖ 第二部分:机电设备及安装工程

❖ 第三部分:金属结构设备及安装工程

❖ 第四部分:施工临时工程

❖ 第五部分:独立费用

本章要讲这五大部分的概算编制。

## 第一节　建筑工程概算编制

建筑工程包括主体建筑工程、交通工程、房屋建筑工程、供电设施工程、其他建筑工程。这些工程都是设计图纸中的永久建筑工程,概算阶段分别采用不同的两种方法编制。一种是工程量×单价,一种是按指标估算。

### 一、主体建筑工程

**(一)主体建筑工程的概算编制方法**

主体建筑工程概算按设计工程量乘以工程单价进行编制。前面几节课我们的工作主要就是算这些主体建筑工程的工程单价。

**(二)主体建筑工程的工程量**

主体建筑工程的工程量应遵照《水利水电工程设计工程量计算规定》,按项目划分要求,划分到三级项目,逐个依据图纸计算三级项目的工程量,编制工程量计算书。

图 11-1 中显示的就是小水闸的部分主体建筑工程。

| | A | B | C | D | E | F | G | H |
|---|---|---|---|---|---|---|---|---|
| 1 | 水闸建筑工程概算表 | | | | | | | |
| 2 | 编号 | | 工程或费用名称 | 单位 | 数量 | 定额编号 | 单价（元） | 合价（元） |
| 3 | 壹 | | 建筑工程 | | | | | |
| 4 | 一 | | 主体建筑工程 | | | | | |
| 5 | （一） | | 上游引渠段 | | | | | |
| 6 | 1 | 1 | 上游左岸M10浆砌石护坡 | $m^3$ | 4.51 | | | |
| 7 | 2 | 2 | 上游左岸护坡碎石垫层 | $m^3$ | 2.17 | | | |
| 8 | 3 | 3 | 上游右岸M10浆砌石护坡 | $m^3$ | 4.51 | | | |
| 9 | 4 | 4 | 上游右岸护坡碎石垫层 | $m^3$ | 2.17 | | | |
| 10 | 5 | 5 | 上游M10浆砌石护底 | $m^3$ | 1.40 | | | |
| 11 | 6 | 6 | 上游浆砌石护底碎石垫层 | $m^3$ | 0.54 | | | |
| 12 | （二） | | 铺盖段 | | | | | |
| 13 | 1 | 7 | 上游左岸M10浆砌石护坡 | $m^3$ | 7.54 | | | |
| 14 | 2 | 8 | 上游左岸护坡碎石垫层 | $m^3$ | 1.25 | | | |

等会在这里输入定额编号单价就出来了

**图 11-1　水闸的部分主体建筑工程**

**(三)工程单价汇总表**

上一节课我们做好了"建筑工程单价分析表",由于工程单价很多,要找一个单价很麻烦,很有必要做工程单价汇总表,如图 11-2 所示。

| 序号 | 定额编号 | 工程名称 | 单位 | 单价(元) | 其中 | | | | | | | |
|---|---|---|---|---|---|---|---|---|---|---|---|---|
| | | | | | 直接费 | | | | 间接费 | 企业利润 | 价差 | 税金 |
| | | | | | 基本直接费 | | | 其他直接费 | | | | |
| | | | | | 人工费 | 材料费 | 机械使用费 | | | | | |
| 1 | 20209 | 平洞石方开挖--风钻钻孔,V～Ⅶ级岩石 | 100m3 | 20090.19 | 3972.13 | 8133.01 | 3838.26 | 733.40 | 1500.91 | 1272.44 | 2.00 | 638.03 |
| 2 | 20029 | 浆砌块石平面护坡 | 100m3 | 25330.61 | 4569.48 | 13586.82 | 291.59 | 848.60 | 1736.68 | 1472.32 | 2020.66 | 804.46 |
| 3 | 40057 | 底板厚100cm | 100m3 | 147676.19 | 5559.12 | 26459.65 | 82931.20 | 5287.70 | 10821.39 | 9174.13 | 2753.05 | 4689.95 |
| 4 | 30031 | 浆砌块石护底 | 100m3 | 24617.73 | 4003.08 | 13586.82 | 291.59 | 822.58 | 1683.42 | 1427.17 | 2020.66 | 781.82 |
| 5 | 30001 | 人工铺筑砂石垫层碎石垫层 | 100m3 | 13547.85 | 2287.02 | 7211.40 | 0.00 | 436.93 | 894.18 | 758.07 | 1530.00 | 430.26 |
| 6 | 30030 | 浆砌块石曲面护坡 | 100m3 | 26221.47 | 5276.52 | 13586.82 | 291.59 | 881.13 | 1803.25 | 1528.75 | 2020.66 | 832.75 |
| 7 | 30017 | 干砌块石平面护坡 | 100m3 | 15968.99 | 2974.13 | 8201.20 | 72.55 | 517.40 | 1058.88 | 897.69 | 1740.00 | 507.15 |
| 8 | 30019 | 干砌块石护底 | 100m3 | 15449.18 | 2561.57 | 8201.20 | 72.55 | 498.42 | 1020.04 | 864.76 | 1740.00 | 490.64 |
| 9 | 30002 | 人工铺筑砂石垫层反滤层 | 100m3 | 13273.95 | 2287.02 | 7211.40 | 0.00 | 436.93 | 894.18 | 758.07 | 1264.80 | 421.55 |
| 10 | 40099 | 其他混凝土挡门槽二期 | 100m3 | 53200.67 | 16434.08 | 21985.64 | 1728.88 | 1846.84 | 3779.59 | 3204.25 | 2531.83 | 1689.56 |
| 11 | 40096 | 其他混凝土基础 | 100m3 | 38708.44 | 4260.06 | 22159.02 | 2187.12 | 1315.89 | 2692.99 | 2283.06 | 2580.99 | 1229.32 |
| 12 | 40066 | 墩 | 100m3 | 37509.13 | 4417.46 | 22067.26 | 1169.63 | 1272.10 | 2603.38 | 2207.09 | 2580.99 | 1191.23 |
| 13 | 40068 | 墙墙厚30cm | 100m3 | 40356.57 | 5705.65 | 22673.95 | 1494.38 | 1374.20 | 2812.34 | 2384.24 | 2630.15 | 1281.65 |
| 14 | 40100 | 其他混凝土十小体积 | 100m3 | 41917.19 | 8148.15 | 21948.22 | 1096.83 | 1434.89 | 2936.53 | 2489.52 | 2531.83 | 1331.22 |
| 15 | 90002 | 袋装土石围墙填筑(编织袋装土) | 100m3 | 49566.09 | 4619.71 | 33925.90 | 0.00 | 1773.10 | 3628.68 | 3076.32 | 0.00 | 1542.38 |
| 16 | 90005 | 袋装土石围墙折除(编织袋装土) | 100m3 | 896.11 | 711.22 | 0.00 | 0.00 | 32.72 | 66.95 | 56.76 | 0.00 | 28.46 |

单位:元

**图 11-2 建筑工程单价汇总表**

这个表中的数据都是从"建筑工程单价分析表"中查找读出来的,所以要编很多公式。

C7 单元格:= INDEX(建筑工程单价分析表! A:A,MATCH(B7,建筑工程单价分析表! C:C,0)-2,1)

D7 单元格:= INDEX(建筑工程单价分析表! G:G,MATCH(B7,建筑工程单价分析表! C:C,0),1)

E7 单元格:= SUM(F7:M7)

F7 单元格:= VLOOKUP($F$6,OFFSET(建筑工程单价分析表! $C$3,MATCH(B7,建筑工程单价分析表! C:C,0)-2,0,INDEX(建筑工程单价分析表! G:G,MATCH(B7,建筑工程单价分析表! C:C,0)-1,1),5),5,FALSE)

G7 单元格:= VLOOKUP($G$6,OFFSET(建筑工程单价分析表! $C$3,MATCH(B7,建筑工程单价分析表! C:C,0)-2,0,INDEX(建筑工程单价分析表! G:G,MATCH(B7,建筑工程单价分析表! C:C,0)-1,1),5),5,FALSE)

H7 单元格:= VLOOKUP($H$6,OFFSET(建筑工程单价分析表! $C$3,MATCH(B7,建筑工程单价分析表! C:C,0)-2,0,INDEX(建筑工程单价分析表! G:G,MATCH(B7,建筑工程单价分析表! C:C,0)-1,1),5),5,FALSE)

I7 单元格:= VLOOKUP($I$5,OFFSET(建筑工程单价分析表! $C$3,MATCH(B7,建筑工程单价分析表! C:C,0)-2,0,INDEX(建筑工程单价分析表! G:G,MATCH(B7,建筑工程单价分析表! C:C,0)-1,1),5),5,FALSE)

J7 单元格:= VLOOKUP($J$4,OFFSET(建筑工程单价分析表! $C$3,MATCH(B7,建筑工程单价分析表! C:C,0)-2,0,INDEX(建筑工程单价分析表! G:G,MATCH(B7,建筑工程单价分析表! C:C,0)-1,1),5),5,FALSE)

K7 单元格:= VLOOKUP($K$4,OFFSET(建筑工程单价分析表! $C$3,MATCH(B7,建筑工程单价分析表! C:C,0)-2,0,INDEX(建筑工程单价分析表! G:G,MATCH

（B7,建筑工程单价分析表！C:C,0）-1,1）,5）,5,FALSE）

　　L7 单元格：= VLOOKUP（$L$4,OFFSET（建筑工程单价分析表！$C$3,MATCH（B7,建筑工程单价分析表！C:C,0）-2,0,INDEX（建筑工程单价分析表！G:G,MATCH（B7,建筑工程单价分析表！C:C,0）-1,1）,5）,5,FALSE）

　　M 单元格：= VLOOKUP（$M$4,OFFSET（建筑工程单价分析表！$C$3,MATCH（B7,建筑工程单价分析表！C:C,0）-2,0,INDEX（建筑工程单价分析表！G:G,MATCH（B7,建筑工程单价分析表！C:C,0）-1,1）,5）,5,FALSE）

　　下边那些行的公式与第 7 行的公式类似,往下拖动就行,再增加单价行就往下拖公式。

　　**（四）向概算表中添加定额编号**

　　我们希望向概算表中添加定额编号后,其工程单价就会从"建筑工程单价汇总表"中读出来,这是完全可以的,如图 11-3 所示。

| | A | B | C | D | E | F | G | H |
|---|---|---|---|---|---|---|---|---|
| 1 | | | 水闸建筑工程概算表 | | | | | |
| 2 | 编号 | | 工程或费用名称 | 单位 | 数量 | 定额编号 | 单价（元） | 合价（元） |
| 3 | 壹 | | 建筑工程 | | | | | 47302.11 |
| 4 | 一 | | 主体建筑工程 | | | | | 29056.11 |
| 5 | （一） | | 上游引渠段 | | | | | 3290.60 |
| 6 | 1 | 1 | 上游左岸M10浆砌石护坡 | $m^3$ | 4.51 | 30029 | 253.31 | 1142.41 |
| 7 | 2 | 2 | 上游左岸护坡碎石垫层 | $m^3$ | 2.17 | 30001 | 135.48 | 293.99 |
| 8 | 3 | 3 | 上游右岸M10浆砌石护坡 | $m^3$ | 4.51 | 30029 | 253.31 | 1142.41 |
| 9 | 4 | 4 | 上游右岸护坡碎石垫层 | $m^3$ | 2.17 | 30001 | 135.48 | 293.99 |
| 10 | 5 | 5 | 上游M10浆砌石护底 | $m^3$ | 1.40 | 30031 | 246.18 | 344.65 |
| 11 | 6 | 6 | 上游浆砌石护底碎石垫层 | $m^3$ | 0.54 | 30001 | 135.48 | 73.16 |
| 12 | （二） | | 铺盖段 | | | | | 5058.92 |
| 13 | 1 | 7 | 上游左岸M10浆砌石护坡 | $m^3$ | 7.54 | 30030 | 262.21 | 1977.10 |
| 14 | 2 | 8 | 上游左岸护坡碎石垫层 | $m^3$ | 1.25 | 30001 | 135.48 | 169.35 |

**图 11-3　添加定额编号之后**

　　G6 单元格的公式为：= IF（F6 = " ", " ",VLOOKUP（F6,建筑工程单价汇总表！B:M,4,FALSE）/VALUE（LEFT（VLOOKUP（F6,建筑工程单价汇总表！B:M,3,FALSE）,LEN（VLOOKUP（F6,建筑工程单价汇总表！B:M,3,FALSE））-LEN（D6））））

　　往下拖动这个公式就可以了。合价也算出来,各项合计也都编上公式,这些公式就不列了,可自行编写。

　　这样,主体建筑工程的各个分部分项费用就算出来了。

## 二、交通工程

　　在第一部分建筑工程中的交通工程指上坝、进厂、对外等场内外永久公路、桥涵、铁路、码头等交通工程,属于永久工程。在第四部分施工临时工程中也有交通工程,那个交通工程是指施工期间的临时交通工程,不是永久工程。有时候这两个交通工程可以结合起来,叫永临结合。如施工期间可以把路基建起来作为施工临时道路,施工结束后可以做上路面作为永久工程。如果是这样,在第一部分建筑工程当中的交通工程概算中只能列路面工程的投资,路基部分的投资在第四部分施工临时工程中的交通工程列。

交通工程部分的概算编制,如果有设计图纸,且较详细,可以按设计工程量乘以单价进行计算,定额可以套公路定额;如果没有设计图纸或图纸设计深度不够,也可根据工程所在地区造价指标或有关实际资料,采用扩大单位指标编制,按每千米多少钱来列。

一般枢纽工程中都有交通工程,本书中的小水闸没有交通要求,所以没设计交通工程,如果有交通要求,需要在闸室部分的闸墩上面设交通桥板、两岸连接的桥头堡等,这些交通桥板、桥头堡等与交通有关的工程项目划分时就要列在"交通工程"这一部分。

图纸上没设计,这一部分就没有内容,但是建议概算表中要列上交通工程,允许有名称没价格,但是,交通工程下边的空行要删掉,不能有空行。如图 11-4 所示。

| (六) | | 下游引渠段 | | | | | 2317.83 |
|---|---|---|---|---|---|---|---|
| 1 | 42 | 下游护底段左岸干砌石护坡 | m³ | 4.51 | 30017 | 159.69 | 720.20 |
| 2 | 43 | 下游护底段左岸护坡碎石垫层 | m³ | 2.17 | 30001 | 135.48 | 293.99 |
| 3 | 44 | 下游护底段右岸干砌石护坡 | m³ | 4.51 | 30017 | 159.69 | 720.20 |
| 4 | 45 | 下游护底段右岸护坡碎石垫层 | m³ | 2.17 | 30001 | 135.48 | 293.99 |
| 5 | 46 | 下游干砌石护底 | m³ | 1.40 | 30019 | 154.49 | 216.29 |
| 6 | 47 | 下游护底碎石垫层 | m³ | 0.54 | 30001 | 135.48 | 73.16 |
| 二 | | 交通工程 | | | | | |
| 三 | | 房屋建筑工程 | | | | | 9246.00 |
| (一) | | 永久房屋建筑 | | | | | 8040 |
| 1 | | 生产、办公用房 | m² | 10.00 | | 800.00 | 8000 |

建议:图纸上没设计也要列出来

**图 11-4　表格按水总〔2014〕429 号文件列项**

## 三、房屋建筑工程

房屋建筑工程包括为生产运行服务的永久性辅助运行管理建筑、仓库、办公、生活及文化福利等房屋建筑和室外工程。

### (一)永久房屋建筑

(1)用于生产、办公的房屋建筑面积,由设计单位按有关规定结合工程规模确定,单位造价指标根据当地相应建筑造价水平确定。如 1 000 元/m² 或 800 元/m²。

(2)值班宿舍及文化福利建筑的投资,按主体建筑工程投资的百分率计算。

枢纽工程:

50 000 万元≥主体建筑工程投资　1.0% ~1.5%

100 000 万元≥主体建筑工程投资 >50 000 万元　0.8% ~1.0%

100 000 万元 <主体建筑工程投资　0.5% ~0.8%

引水工程　0.4% ~0.6%

河道工程　0.4%

投资小或工程位置偏远者取大值,反之取小值。

除险加固工程(含枢纽、引水、河道工程)、灌溉田间工程的永久房屋建筑面积由设计单位根据有关规定结合工程建设需要确定。

根据以上计算规定,需要在 Excel 中编写公式。

图 11-5 中 D61 单元格的公式为: = IF(基础单价! B2 = "河道工程","按主体建筑工程投资的百分之 0.4%",IF(基础单价! B2 = "引水工程","按主体建筑工程投资的百分

之 0.4% ~0.6% ",IF( H4 < =500000000,"按主体建筑工程投资的百分之 1% ~1.5% ",
IF( H4 >1000000000,"按主体建筑工程投资的百分之 0.5% ~0.8% ","按主体建筑工程
投资的百分之 0.8% ~1% " ))))

| ⚠ | A | B | C | D | E | F | G | H |
|---|---|---|---|---|---|---|---|---|
| 58 | 二 | | **房屋建筑工程** | | | | | 9369.92 |
| 59 | (一) | | **永久房屋建筑** | | | | | 8147.758 |
| 60 | 1 | | 生产、办公用房 | m² | 10.00 | | 800.00 | 8000 |
| 61 | 2 | | 值班宿舍及文化福利建筑 | 按主体建筑工程投资的百分之0.4%~0.6% | | | 0.50 | 147.76 |
| 62 | (二) | | **室外工程** | 按永久房屋建筑工程的百分之15%~20% | | | 15.00 | 1222.16 |

**图 11-5　班宿舍及文化福利建筑计算方法**

在 G61 单元格中可以根据出现的提示百分比,输入你选择的百分比。

**(二) 室外工程投资**

一般按永久房屋建筑工程投资的 15% ~20% 计算。

## 四、供电设施工程

供电设施工程指为工程建成后生产运行供电,需要架设的输电线路及变配电设施工程,见图 11-6。

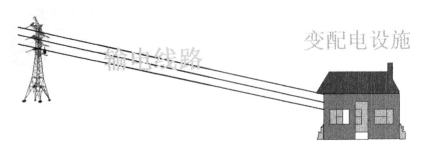

**图 11-6　输电线路和变配电设施示意图**

根据设计的电压等级、线路架设长度及所需配备的变配电设施要求,采用工程所在地区造价指标或有关实际资料计算。如输电线路多少元/m,变压器多少元/台等,如图 11-7 所示。

| ⚠ | A | B | C | D | E | F | G | H |
|---|---|---|---|---|---|---|---|---|
| 63 | 四 | | **供电设施工程** | | | | | 230000 |
| 64 | 1 | | 35kv供电线路 | m | 2000 | | 100 | 200000 |
| 65 | 2 | | 变压器 | 台 | 1 | | 30000 | 30000 |
| 66 | 五 | | **其他建筑工程** | | | | | 9000.00 |

**图 11-7　供电设施概算**

供电设施工程也存在永临结合的问题,在施工期间要用到临时用电,需要架设供电线路和变压器,第四部分施工临时工程中已经列项的供电线路和变压器,在这里就不能再列了。

## 五、其他建筑工程

其他建筑工程包括工程建成后的安全监测工程,动力线路(厂坝区),照明线路,通信线路,厂坝区及生活区供水、供热、排水等公用设施工程,厂坝区环境建设工程,水情自动

测报工程及其他。

（1）安全监测设施工程，指属于建筑工程性质的内外部观测设施。安全监测工程项目投资应按设计资料计算。如无设计资料时，可根据坝型或其他工程型式，按照主体建筑工程投资的百分率计算：

当地材料坝　0.9% ~ 1.1%

混凝土坝　1.1% ~ 1.3%

引水式电站（引水建筑物）　1.1% ~ 1.3%

堤防工程　0.2% ~ 0.3%

（2）照明线路、通信线路指从变压器出来的低压线路，工程投资按设计工程量乘以单价或采用扩大单位指标编制。

（3）其他各项如厂坝区及生活区供水、供热、排水等公用设施工程，厂坝区环境建设工程，水情自动测报工程及其他，应有设计资料，按设计要求分析计算，如图11-8所示。

| | A | B | C | D | E | F | G | H |
|---|---|---|---|---|---|---|---|---|
| 66 | 五 | | 其他建筑工程 | | | | | 9000.00 |
| 67 | （一） | | 安全监测设施工程 | | | | | |
| 68 | （二） | | 低压线路 | | | | | 9000.00 |
| 69 | 1 | | 低压电缆 | m | 300.00 | | 30.00 | 9000.00 |
| 70 | （三） | | 其余各项工程 | | | | | |
| 71 | 1 | | 生活区供水、供热、排水等公用设施工程 | | | | | |
| 72 | 2 | | 厂坝区环境建设工程 | | | | | |
| 73 | 3 | | 水情自动测报工程 | | | | | |

图 11-8　其他建筑工程概算

# 第二节　机电设备及安装工程概算编制

机电设备及安装工程和金属结构设备及安装工程重点在于设备，没有设备就谈不上安装。例如第一部分建筑工程中的"其他建筑工程"有通信部分，这指的是线路，属于建筑工程部分。第二部分机电设备及安装工程的公用设备及安装工程也包括通信部分，这指的是通信设备。这些部分容易在项目划分时归错位，一定要认真理解。

## 一、机电设备及安装工程的组成

机电设备及安装工程包括发电设备及安装工程、升压变电设备及安装工程、泵站设备及安装工程、小水电站设备及安装工程、公用设备及安装工程等。

其中，公用设备及安装工程包括通信设备、通风采暖设备、机修设备、计算机监控系统、管理自动化系统、全厂接地及保护网，电梯，坝区馈电设备，厂坝区及生活区供水、排水、供热设备，水文、泥沙监测设备，水情自动测报系统设备，外部观测设备，消防设备，交通设备等设备及安装工程。

## 二、机电设备及安装工程投资

由设备费和安装工程费两部分组成。

## (一)设备费

设备费＝设备原价＋运杂费＋运输保险费＋采购保管费

### 1.设备原价

以出厂价或设计单位分析论证后的询价为设备原价。

### 2.运杂费

运杂费分主要设备运杂费和其他设备运杂费,均按占设备原价的百分率计算。

(1)主要设备运杂费率如表 11-1 所示。

表 11-1　主要设备运杂费率　　　　　　　　　　(％)

| 设备分类 | 铁路 | | 公路 | | 公路直达基本费率 |
|---|---|---|---|---|---|
| | 基本运距1 000 km | 每增运500 km | 基本运距100 km | 每增运20 km | |
| 水轮发电机组 | 2.21 | 0.30 | 1.06 | 0.15 | 1.01 |
| 主阀、桥机 | 2.99 | 0.50 | 1.85 | 0.20 | 1.33 |
| 主变压器 | | | | | |
| 120 000 kVA 及以上 | 3.50 | 0.40 | 2.80 | 0.30 | 1.20 |
| 120 000 kVA 以下 | 2.97 | 0.40 | 0.92 | 0.15 | 1.20 |

设备由铁路直达或铁路、公路联运时,分别按里程求得费率后叠加计算;如果设备由公路直达,应按公路里程计算费率后,再加公路直达基本费率。

(2)其他设备运杂费率如表 11-2 所示。

表 11-2　其他设备运杂费率

| 类别 | 适用地区 | 费率(％) |
|---|---|---|
| I | 北京、天津、上海、江苏、浙江、江西、安徽、湖北、湖南、河南、广东、山西、山东、河北、陕西、辽宁、吉林、黑龙江等省、直辖市 | 3 ~ 5 |
| II | 甘肃、云南、贵州、广西、四川、重庆、福建、海南、宁夏、内蒙古、青海等省、自治区、直辖市 | 5 ~ 7 |

工程地点距铁路线近者费率取小值,远者取大值。新疆、西藏地区的设备运杂费率可视具体情况另行确定。

进口设备的国内段运杂费率按上述国产设备运杂费率乘以相应国产设备原价占进口设备原价的比例系数。

### 3.运输保险费

按有关规定计算。

### 4.采购及保管费

按设备原价、运杂费之和 0.7% 计算。

另:交通工具购置费也列入机电设备及安装工程部分,交通工具购置费费率如表 11-3 所示。

工程竣工后,为保证建设项目初期生产管理单位正常运行必须配备的车辆和船只的费用。

表 11-3　交通工具购置费费率

| 第一部分建筑工程投资(万元) | 费率(%) | 辅助参数(万元) |
|---|---|---|
| 10 000 及以内 | 0.5 | 0 |
| 10 000 ~ 50 000 | 0.25 | 25 |
| 50 000 ~ 100 000 | 0.10 | 100 |
| 100 000 ~ 200 000 | 0.06 | 140 |
| 200 000 ~ 500 000 | 0.04 | 180 |
| 500 000 以上 | 0.02 | 280 |

简化计算公式:第一部分建筑工程设资×该档费率+辅助参数

**(二)安装工程费**

安装工程投资按设备数量乘以安装单价进行计算。

安装工程单价由直接费、间接费、企业利润和税金组成。

《水利水电设备安装工程概算定额》《水利水电设备安装工程预算定额》有安装实物量和安装费率两种形式,由于表现形式不同,其单价的计算方法也不尽相同。

1. 以实物量形式表示的单价计算

1)直接费

(1)基本直接费。

人工费=定额劳动量(工时)×人工预算单价(元/工时)

材料费=定额材料用量×材料预算单价

机械使用费=定额机械使用量(台时)× 施工机械台时费(元/台时)

(2)其他直接费

其他直接费=基本直接费×其他直接费费率之和

2)间接费

间接费=人工费×间接费费率

3)利润

利润=(直接费+间接费)×利润率

4)材料补差

材料补差=(材料预算价格-材料基价)×材料消耗量

5)未计价装置性材料费

未计价装置性材料费=未计价装置性材料用量×材料预算单价

6)税金

税金=(直接费+间接费+利润+材料补差+未计价装置性材料费)×税率

安装工程单价=直接费+间接费+利润+材料补差+未计价装置性材料费+税金

2. 以安装费率形式表示的安装工程单价

以安装费率表示的定额子目在计算安装工程单价时,是以设备原价为计算基础计算直接费,然后以直接费为计算基础计算间接费、企业利润、税金等。

进口设备的安装费,应调整成国产设备价格再计算。

### 三、装置性材料

定额中的"装置性材料"是个专用名词,它本身属于材料,但又是被安装的对象,安装后构成工程的实体。装置性材料分为主要装置性材料和次要装置性材料。

主要装置性材料,如轨道、管路、电缆等;其余的即为次要装置性材料,如轨道的垫板、螺栓、电缆支架等。

主要装置性材料一般为未计价材料,需要按设计提供的规格数量和材料预算价格计算,列入税金的前面。

次要装置性材料费用在定额中已包括,叫作已计价装置性材料。

可参考《建设工程计价设备材料划分标准》(GB/T 50531—2009)。

## 第三节　金属结构设备及安装工程概算编制

### 一、金属结构设备及安装工程的组成

金属结构设备及安装工程指构成枢纽工程和其他水利工程固定资产的全部金属结构设备及安装工程。包括闸门、启闭机、拦污栅、升船机等设备及安装工程,压力钢管制作及安装工程和其他金属结构设备及安装工程。

金属结构设备及安装工程项目要与建筑工程项目相对应,也就是说,金属结构设备是安装在建筑工程(土建工程)上的。

### 二、金属结构设备及安装工程投资

金属结构设备及安装工程投资的编制方法同第二部分机电设备及安装工程。

机电设备及安装工程和金属结构设备及安装工程的 Excel 表格均未编制,读者可以参照前几章讲的方法自行编制。

## 第四节　施工临时工程概算编制

### 一、导流工程

导流工程要有设计图纸,做概算时按设计工程量乘以工程单价进行计算,与主体建筑工程部分的计算方法相同。也是先进行项目划分,逐个套定额计算工程单价,把计算的工程单价汇总到"建筑工程单价分析表"和"建筑工程单价汇总表"中,如图 11-9 所示。

### 二、施工交通工程

按设计工程量乘以单价进行计算,也可根据工程所在地区造价指标或有关实际资料,采用扩大单位指标编制,如图 11-10 所示。

### 施工临时工程概算表

| 序号 | 工程或费用名称 | 单位 | 数量 | 定额编号 | 单价(元) | 合计(元) |
|---|---|---|---|---|---|---|
| 肆 | 施工临时工程 | | 0.00 | | 0.00 | 114590.43 |
| 一 | 导流工程 | | 0.00 | | 0.00 | 143769.99 |
| 1 | 编织袋围堰（粘土） | m3 | 271.00 | 90002 | 491.19 | 133111.42 |
| 2 | 导流明渠 | m | 100.00 | | 80.00 | 8000.00 |
| 3 | 围堰拆除（就地） | m3 | 271.00 | 90005 | 9.81 | 2658.57 |
| 二 | 施工交通工程 | | 0.00 | | 0.00 | 10000.00 |

图 11-9　导流工程概算编制

| | | | | | | |
|---|---|---|---|---|---|---|
| 3 | 围堰拆除（就地） | m3 | 271.00 | 90005 | 9.81 | 2658.57 |
| 二 | 施工交通工程 | | 0.00 | | 0.00 | 10000.00 |
| 1 | 临时道路 | km | 1.00 | | 10000.00 | 10000.00 |
| 三 | 施工场外供电工程 | | | | | |

图 11-10　施工交通工程概算编制

## 三、施工场外供电工程

根据施工组织设计的电压等级、线路架设长度及所需配备的变配电设施要求,采用工程所在地区造价指标或有关实际资料计算。有时小型工程在附近村庄的变压器中引出用电,此时该部分就不列了。

这一部分的概算编制类似于"第一部分建筑工程"中的"四、供电设施工程",不仅是类似于,实际是相同。这不是重复了吗?所以,又又存在一个"永临结合"的问题。如果永久工程设计中的供电设施,有些在施工临时工程中需要先做,那这部分工程需要列到"第四部分施工临时工程"中,"第一部分建筑工程"中就不要列了,或者仅列施工临时工程中没列的部分。

## 四、施工房屋建筑工程

施工房屋建筑工程包括施工仓库和办公、生活及文化福利建筑两部分。

施工仓库,指为工程施工而临时兴建的设备、材料、工器具等仓库;办公、生活及文化福利建筑,指施工单位、建设单位(包括监理)及设计代表在工程建设期所需的办公室、宿舍、招待所和其他文化福利设施等房屋建筑工程。

不包括列入"其他直接费"中的临时设施和后面其他施工临时工程项目内的电、风、水,通信系统,砂石料系统,混凝土拌和及浇筑系统,木工、钢筋、机修等辅助加工厂,混凝土预制构件厂,混凝土制冷、供热系统,施工排水等生产用房。

**（一）施工仓库**

建筑面积由施工组织设计确定，单位造价指标根据当地相应建筑造价水平确定。如图 11-11 所示。

| | A | B | C | D | E | F | G |
|---|---|---|---|---|---|---|---|
| 11 | 三 | 施工场外供电工程 | | | | | |
| 12 | 四 | 施工房屋建筑工程 | | 0.00 | | 0.00 | 27790.37 |
| 13 | 1 | 施工仓库 | m2 | 70.00 | | 300.00 | 21000.00 |

**图 11-11　施工仓库概算编制**

**（二）办公、生活及文化福利建筑**

1. 枢纽工程

枢纽工程按下列公式计算：

$$I = \frac{A \cdot U \cdot P}{N \cdot L} \cdot K_1 \cdot K_2 \cdot K_3$$

式中　$I$——房屋建筑工程投资；

$A$——建安工作量，按工程一至四部分建安工作量（不包括办公、生活及文化福利建筑和其他施工临时工程）之和乘以（1 + 其他施工临时工程百分率）计算；

$U$——人均建筑面积综合指标，按 12 ～ 15 $m^2$/人标准计算；

$P$——单位造价指标，参考工程所在地的永久房屋造价指标（元/$m^2$）计算；

$N$——施工年限，按施工组织设计确定的合理工期计算；

$L$——全员劳动生产率，一般按 80 000 ～ 120 000 元/（人·a），施工机械化程度高取大值，反之取小值，采用掘进机施工为主的工程全员劳动生产率应适当提高；

$K_1$——施工高峰人数调整系数，取 1.10；

$K_2$——室外工程系数，取 1.10 ～ 1.15，地形条件差的可取大值，反之取小值；

$K_3$——单位造价指标调整系数，按不同施工年限，采用表 11- 4 中的调整系数。

**表 11-4　单位造价指标调整系数**

| 工期 | 系数 |
|---|---|
| 2 年以内 | 0.25 |
| 2 ～ 3 年 | 0.40 |
| 3 ～ 5 年 | 0.55 |
| 5 ～ 8 年 | 0.70 |
| 8 ～ 11 年 | 0.80 |

2. 引水工程

引水工程按一至四部分建安工作量的百分率计算（见表 11-5）。

**表 11-5 引水工程施工房屋建筑工程费率**

| 工期 | 百分率 |
|---|---|
| ≤3 年 | 1.5% ~2.0% |
| >3 年 | 1.0% ~1.5% |

一般引水工程取中上限,大型引水工程取下限。

掘进机施工隧洞工程按表中费率乘 0.5 调整系数。

3. 河道工程

河道工程按一至四部分建安工作量的百分率计算(见表 11-6)。

**表 11-6 河道工程施工房屋建筑工程费率表**

| 工期 | 百分率 |
|---|---|
| ≤3 年 | 1.5% ~2.0% |
| >3 年 | 1.0% ~1.5% |

办公、生活及文化福利建筑部分的概算编制比较麻烦,越麻烦越能体现 Excel 表格编制概算的优越性,先看一下图 11-12。

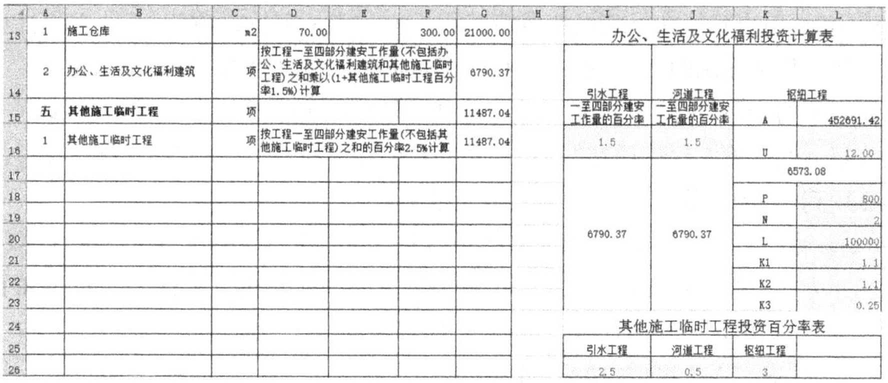

| 行 | A | B | C | D | E | F | G |
|---|---|---|---|---|---|---|---|
| 13 | 1 | 施工仓库 | m2 | 70.00 | | 300.00 | 21000.00 |
| 14 | 2 | 办公、生活及文化福利建筑 | 项 | 按工程一至四部分建安工作量(不包括办公、生活及文化福利建筑和其他施工临时工程)之和乘以(1+其他施工临时工程百分率1.5%)计算 | | | 6790.37 |
| 15 | 五 | 其他施工临时工程 | 项 | | | | 11487.04 |
| 16 | 1 | 其他施工临时工程 | 项 | 按工程一至四部分建安工作量(不包括其他施工临时工程)之和的百分率2.5%计算 | | | 11487.04 |

办公、生活及文化福利投资计算表

| 引水工程 | 河道工程 | 枢纽工程 | |
|---|---|---|---|
| 一至四部分建安工作量的百分率 | 一至四部分建安工作量的百分率 | A | 452691.42 |
| 1.5 | 1.5 | U | 12.00 |
| 6790.37 | 6790.37 | 6573.08 | |
| | | P | 800 |
| | | N | 2 |
| | | L | 100000 |
| | | K1 | 1.1 |
| | | K2 | 1.1 |
| | | K3 | 0.25 |

其他施工临时工程投资百分率表

| 引水工程 | 河道工程 | 枢纽工程 |
|---|---|---|
| 2.5 | 0.5 | 3 |

**图 11-12 办公、生活及文化福利建筑概算编制**

根据“水总〔2014〕429 号文件”的规定,办公、生活及文化福利建筑的概算编制,引水工程、河道工程和枢纽工程的编制方法不同。引水工程、河道工程是按百分率计算,枢纽工程是按给出的公式计算。引水工程、河道工程按“工程一至四部分的建安工作量”计算,也就是“枢纽”部分公式中的“A”,这个“A”在枢纽部分有个定义:“A——建安工作量,按工程一至四部分建安工作量(不包括办公、生活及文化福利建筑和其他施工临时工程)之和乘以(1+其他施工临时工程百分率)计算”。这个很重要,容易弄错。

“工程一至四部分”是指“第一部分建筑工程”“第二部分机电设备及安装工程”“第三部分金属结构设备及安装工程”“第四部分施工临时工程”。不是单指“第四部分施工临时工程”中的“一、导流工程”“二、施工交通工程”“三、施工场外供电工程”“四、施工房屋建筑工程”的“一至四部分”。如果是那样,应该称作“施工临时工程一至四部分”,而不是"工程一至四部分",而且也不必说明"(不包括办公、生活及文化福利建筑和其他施工临时工程)"中的"其他施工临时工程",因为"施工临时工程一至四部分"中本来就不包括"其他施工临时工程"。枢纽部分的定义同样适用引水工程和河道工程。

"建安工作量"是指建筑工程和安装工程的投资,不是仅指工程量,当然不包括设备费。

弄清以上问题就好办了。

先算出枢纽工程公式中的 A,即图 11-12 中的 L15 单元格。

L15 单元格的公式为: =(建筑工程概算! H3 + 机电工程概算! H5 + 金结工程概算表! H5 + G5 + G9 + G11 + G13)*(1 + F16)

图 11-12 中黄底红字的单元格是用户自己输入的部分,每个单元格都有根据水总〔2014〕429 号文件编制的提示信息,由用户根据"提示信息"确定输入的值。

K17 单元格是枢纽工程按公式计算的结果,K17 单元格的公式为: = L15 * L16 * L18 * L21 * L22 * L23/L19/L20

I17、J17 单元格分别为引水工程和河道工程计算的结果。

I17 单元格的公式为: = L15 * I16/100

J17 单元格的公式为: = L15 * J16/100

在使用时,用户只管在目前编制概算工程的性质那一列输入数值,其他工程性质部分不必管。例如你现在编制的是"引水工程",其他两个工程性质对应列的数值不必管。A 值是计算出来的,与本次输入的数值无关,但与"其他施工临时工程"中输入的数值有关。

当前编制的概算工程性质在"基础单价"工作表中的 B2 中就已经确定了,所以下面的公式要用到"基础单价"工作表中 B2 单元格的值。

D14 单元格的公式为: = IF(OR(基础单价! B2 = "引水工程",基础单价! B2 = "河道工程"),"按工程一至四部分建安工作量(不包括办公、生活及文化福利建筑和其他施工临时工程)之和乘以(1 + 其他施工临时工程百分率"&HLOOKUP(基础单价! B2,I14:L23,3,FALSE)&"%)计算","按公式计算")

G14 单元格的公式为: = HLOOKUP(基础单价! B2,I14:L23,4,FALSE)

### 五、其他施工临时工程

其他施工临时工程按工程一至四部分建安工作量(不包括其他施工临时工程)之和的百分率计算。在这一部分又出现了一个"建安工作量",注意这个建安工作量与上面的不同。

(1)枢纽工程为 3.0% ~ 4.0%。

(2)引水工程为 2.5% ~ 3%。一般引水工程取下限,隧洞、渡槽等大型建筑物较多的引水工程、施工条件复杂的引水工程取上限。

(3)河道工程为 0.5% ~ 1.5%。

灌溉田间工程取下限,建筑物较多、施工排水量大或施工条件复杂的河道工程取上限。

图 11-12 中 G16 单元格的公式为：=（建筑工程概算！H3 + 机电工程概算！H5 + 金结工程概算表！H5 + G5 + G9 + G11 + G12）* HLOOKUP（基础单价！B2,I25:K26,2, FALSE)/100

D16 单元格的公式为：="按工程一至四部分建安工作量（不包括其他施工临时工程）之和的百分率"&HLOOKUP（基础单价！B2,I25:K26,2,FALSE)&"%计算"

# 第五节　独立费用编制

独立费有六项费用：建设管理费、工程建设监理费、联合试运转费、生产准备费、科研勘测设计费、其他。

## 一、建设管理费

### （一）建设管理费内容

建设管理费属于建设单位（业主）的费用，包括建设单位开办费和建设单位经常费。

1. 建设单位开办费

建设单位开办费指新组建的工程建设单位，为开展工作所必须购置的办公及生活设施、交通工具等，以及其他用于开办工作的费用。

2. 建设单位经常费

建设单位经常费包括建设单位人员经常费和工程管理经常费。

（1）建设单位人员经常费（经费），指建设单位从批准组建之日起至完成该工程建设管理任务之日止需开支的经常费用。主要包括工作人员的基本工资、辅助工资、工资附加费、劳动保护费、教育经费、办公费、差旅交通费、会议费、交通车辆使用费、技术图书资料费、固定资产折旧费、零星固定资产购置费、低值易耗品摊销费、工具用具使用费、修理费、水电费、采暖费等。

（2）工程管理经常费，指建设单位从筹建到竣工期间所发生的各种管理费用。包括该工程建设过程中用于资金筹措、召开董事（股东）会议、视察工程建设所发生的会议和差旅等费用；建设单位为解决工程建设涉及的技术、经济、法律等问题需要进行咨询所发生的费用；建设单位进行项目管理所发生的土地使用税、房产税、合同公证费、审计费、招标业务费等；施工期所需的水情、水文、泥沙、气象监测费和报汛费；工程验收费和由主管部门主持对工程设计进行审查、安全进行鉴定等费用；在工程建设过程中，必须派驻工地的公安、消防部门的补贴费以及其他属于工程管理性质开支的费用。

### （二）计算方法

按表 11-7 ~ 表 11-9 中所列费率，以超额累进方法计算。

表 11-7　枢纽工程建设管理费费率

| 一至四部分建安工作量(万元) | 费率(%) | 辅助参数(万元) |
|---|---|---|
| 50 000 及以内 | 4.5 | 0 |
| 50 000～100 000 | 3.5 | 500 |
| 100 000～200 000 | 2.5 | 1 500 |
| 200 000～500 000 | 1.8 | 2 900 |
| 500 000 以上 | 0.6 | 8 900 |

简化计算公式:一至四部分建安工作量×该档费率＋辅助参数(下同)。

表 11-8　引水工程建设管理费费率

| 一至四部分建安工作量(万元) | 费率(%) | 辅助参数(万元) |
|---|---|---|
| 50 000 及以内 | 4.2 | 0 |
| 50 000～100 000 | 3.1 | 550 |
| 100 000～200 000 | 2.2 | 1 450 |
| 200 000～500 000 | 1.6 | 2 650 |
| 500 000 以上 | 0.5 | 8 150 |

表 11-9　河道工程建设管理费费率

| 一至四部分建安工作量(万元) | 费率(%) | 辅助参数(万元) |
|---|---|---|
| 10 000 及以内 | 3.5 | 0 |
| 10 000～50 000 | 2.4 | 110 |
| 50 000～100 000 | 1.7 | 460 |
| 100 000～200 000 | 0.9 | 1 260 |
| 200 000～500 000 | 0.4 | 2 260 |
| 500 000 以上 | 0.2 | 3 260 |

什么是超额累进方法? 例如一枢纽工程,其一至四部分建安工作量是 120 000 万元,则建设管理费 ＝(50 000 － 0)× 4.5% ＋(100 000 － 50 000)× 3.5% ＋(120 000 － 100 000)× 2.5% ＝ 2 250 ＋ 1 750 ＋ 500 ＝ 4 500(万元)。

如果用简化计算公式,则:建设管理费 ＝ 120 000 × 2.5% ＋ 1 500 ＝ 4 500(万元)。

也就是说,建设管理费有两种计算方法:一种是用超额累进方法,一种是用简化计算公式,如图 11-13 所示。用超额累进方法不用辅助参数,用简化计算公式需要用辅助参数。

我们做的概预算一至四部分建安工作量大部分是 1 亿元以内的工程,所以,我们在 Excel 中编制公式时,建安工作量限制在 1 亿元以内。

| | A | B | C | D | E | F | | G | H | I | J |
|---|---|---|---|---|---|---|---|---|---|---|---|
| 1 | | | 独立费用概算表 | | | | | | | | |
| 2 | 序号 | 工程或费用名称 | 单位 | 数量 | 单价(元) | 合计(元) | | | 建设管理费率% | | |
| 3 | 伍 | 独立费用合计 | | | | 545802 | | | | | |
| 4 | 一 | 建设管理费 | 按工程一至四部分建安工作量的4.2%计算 | | | 19781 | | 枢纽工程 | 引水工程 | 河道工程 | |
| 5 | 二 | 工程建设监理费 | | | 0.00 | 29000 | | 4.5 | 4.2 | 3.5 | |

**图 11-13　建设管理费计算**

C4 单元格的公式为：= "按工程一至四部分建安工作量的" &HLOOKUP( 基础单价！B2，独立费用！H4 : J6，2，FALSE) &" % 计算"

F4 单元格的公式为：= ( 建筑工程概算！H3 + 机电工程概算！H5 + 金结工程概算表！H5 + 临时工程概算表！G4) * HLOOKUP( 基础单价！B2，独立费用！H4 : J6，2，FALSE)/100

## 二、建设监理费

建设监理费按照国家发改委发改价格〔2007〕670 号文颁发的《建设工程监理与相关服务收费管理规定》及其他相关规定执行。

## 三、联合试运转费

联合试运转费指水利工程的发电机组、水泵等安装完毕，在竣工验收前，进行整套设备带负荷联合试运转期间所需的各项费用。

联合试运转费可参考表 11-10 自行计算。

**表 11-10　联合试运转费用指标表**

| 水电站工程 | 单机容量(万 kW) | ≤1 | ≤2 | ≤3 | ≤4 | ≤5 | ≤6 | ≤10 | ≤20 | ≤30 | ≤40 | >40 |
|---|---|---|---|---|---|---|---|---|---|---|---|---|
| | 费用(万元/台) | 6 | 8 | 10 | 12 | 14 | 16 | 18 | 22 | 24 | 32 | 44 |
| 泵站工程 | 电力泵站 | 每千瓦 50 ~ 60 元 | | | | | | | | | | |

## 四、生产准备费

生产准备费指水利建设项目的生产、管理单位为准备正常的生产运行或管理发生的费用，包括生产及管理单位提前进厂费、生产职工培训费、管理用具购置费、备品备件购置费、工器具及生产家具购置费。

### （一）生产及管理单位提前进厂费

枢纽工程按一至四部分建安工程量的 0.15% ~ 0.35% 计算，大(1)型工程取小值，大(2)型工程取大值；引水工程视工程规模参照枢纽工程计算；河道工程、除险加固工程、田间工程原则上不计此项费用，如图 11-14 所示。

在 E8 单元格中的提示信息写入水总〔2014〕429 号文件的规定，由用户自行选择。

F8 单元格的公式为：= ( 建筑工程概算！H3 + 机电工程概算！H5 + 金结工程概算

表！H5 + 临时工程概算表！G4）* E8/100

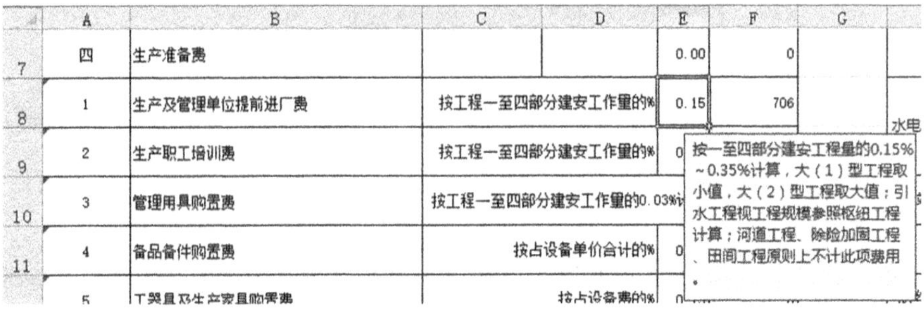

图 11-14　生产及管理单位提前进场费计算

### （二）生产职工培训费

按一至四部分建安工作量的 0.35% ~ 0.55% 计算。枢纽工程、引水工程取中上限，河道工程取下限，如图 11-15 所示。

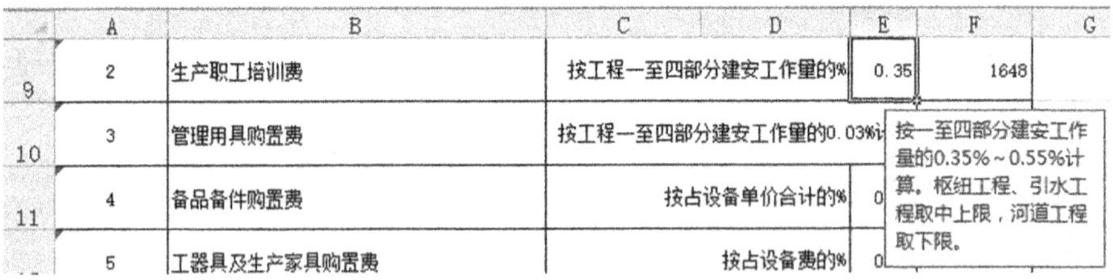

图 11-15　生产职工培训费计算

在 E9 单元格中的提示信息写入水总〔2014〕429 号文件的规定，由用户自行选择。

F9 单元格的公式为：=（建筑工程概算！H3 + 机电工程概算！H5 + 金结工程概算表！H5 + 临时工程概算表！G4）* E9/100

### （三）管理用具购置费

枢纽工程按一至四部分建安工作量的 0.04% ~ 0.06% 计算，大（1）型工程取小值，大（2）型工程取大值；引水工程按建安工作量的 0.03% 计算；河道工程按建安工作量的 0.02% 计算。

先做一个费率表，如图 11-16 所示，枢纽工程的费率是个取值范围，取值由用户选定，所以在 H13 单元格中写入提示信息。

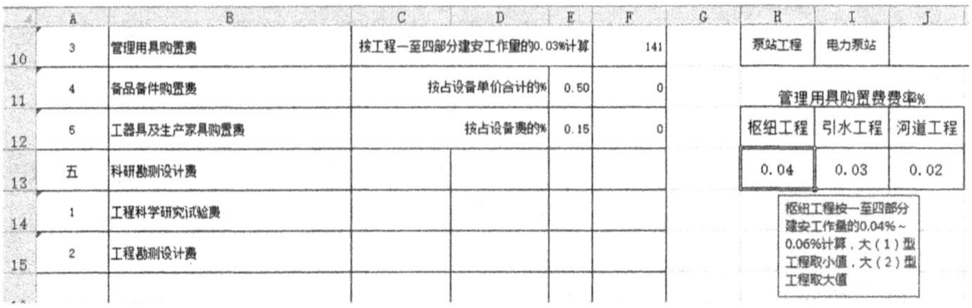

图 11-16　管理用具购置费计算

C10 单元格的公式为：= "按工程一至四部分建安工作量的"&HLOOKUP(基础单价！B2,H12:J13,2,FALSE)&"%计算"

F10 单元格的公式为：=(建筑工程概算！H3 + 机电工程概算！H5 + 金结工程概算表！H5 + 临时工程概算表！G4)* HLOOKUP(基础单价！B2,H12:J13,2,FALSE)/100

**（四）备品备件购置费**

按占设备费的 0.4% ~ 0.6% 计算。大（1）型工程取下限，其他工程取中、上限，如图 11-17 所示。

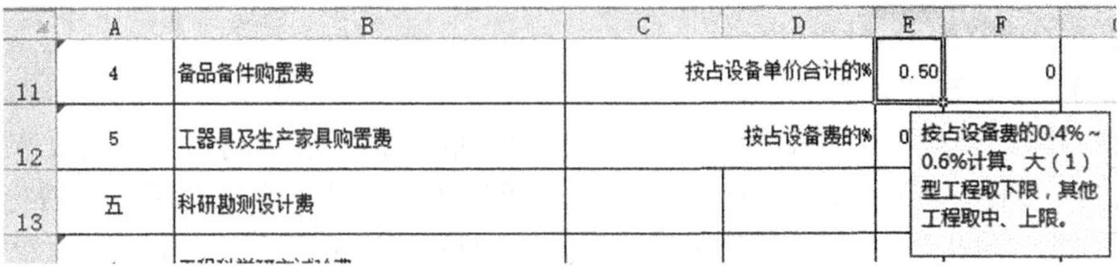

**图 11-17　备品备件购置费计算**

**注**：①设备费应包括机电设备、金属结构设备以及运杂费等全部设备费。②电站、泵站同容量、同型号机组超过一台时，只计算一台的设备费。

由于电站、泵站同容量、同型号机组超过一台时，只计算一台的设备费，所以计算基数"设备费"是设备单价的合计。

F11 单元格的公式为：=(机电工程概算！E5 + 金结工程概算表！E5)* E11/100

**（五）工器具及生产家具购置费**

按占设备费的 0.1% ~ 0.2% 计算。枢纽工程取下限，其他工程取中、上限，如图 11-18 所示。

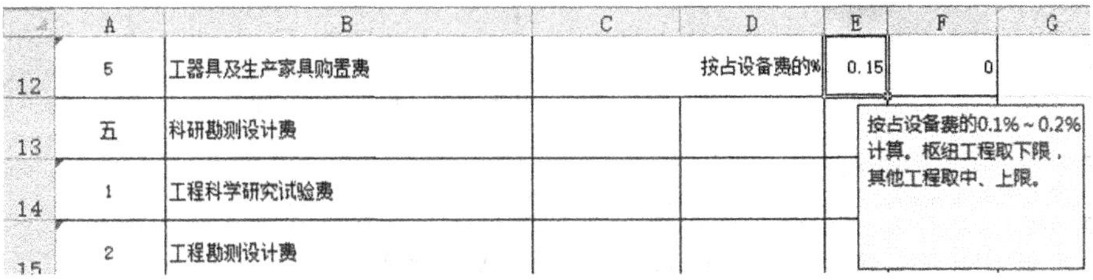

**图 11-18　工器具及生产家具购置费计算**

F12 单元格的公式为：=(机电工程概算！G5 + 金结工程概算表！G5)* E12/100

## 五、科研勘测设计费

**（一）工程科学研究试验费**

按工程建安工作量的百分率计算。其中：枢纽和引水工程取 0.7%，河道工程取 0.3%，如图 11-19 所示。灌溉田间工程一般不计此项费用。

C14 单元格的公式为：="按工程一至四部分建安工作量的"&IF(OR(基础单价！B2 = "枢纽工程"，基础单价！B2 = "引水工程")，0.7,0.3)&"%计算"

| | A | B | C | D | E | F |
|---|---|---|---|---|---|---|
| 13 | 五 | 科研勘测设计费 | | | | |
| 14 | 1 | 工程科学研究试验费 | 按工程一至四部分建安工作量的0.7%计算 | | | 3297 |

图 11-19　工程科学研究试验费计算

F14 单元格的公式为：= ( 建筑工程概算！H3 + 机电工程概算！H5 + 金结工程概算表！H5 + 临时工程概算表！G4 ) \* IF( OR( 基础单价！B2 = " 枢纽工程 "，基础单价！B2 = " 引水工程 " )，0.007，0.003 )

**( 二 ) 工程勘测设计费**

项目建议书、可行性研究阶段的勘测设计费及报告编制费：执行国家发展改革委发改价格〔2006〕1352 号文颁布的《水利、水电工程建设项目前期工作工程勘察收费标准》和原国家计委计价格〔1999〕1283 号文颁布的《关于印发建设项目前期工作咨询收费暂行规定的通知》。

初步设计、招标设计及施工图设计阶段的勘测设计费，执行原国家计委、建设部计价格〔2002〕10 号文件颁布的《工程勘察设计收费标准》。应根据所完成相应勘测设计工作阶段确定工程勘测设计费，未发生的工作阶段不计相应阶段勘测设计费。

## 六、其他

**( 一 ) 工程保险费**

工程保险费按工程一至四部分投资合计的 4.5‰ ~ 5.0‰ 计算，如图 11-20 所示，田间工程原则上不计此项费用。

| | A | B | C | D | E | F |
|---|---|---|---|---|---|---|
| 16 | 六 | 其他 | | | | |
| 17 | 1 | 工程保险费 | 按工程一至四部分投资合计的‰ | | 4.50 | 2119 |
| 18 | 2 | 其他税费 | | | | |

图 11-20　工程保险费计算

这里计算工程保险费的计算基数是一至四部分的总投资，比建安工作量多了设备费。

F17 单元格的公式为：= ( 建筑工程概算！H3 + 机电工程概算！G5 + 机电工程概算！H5 + 金结工程概算表！G5 + 金结工程概算表！H5 + 临时工程概算表！G4 ) \* E17/1 000

**( 二 ) 其他税费**

按国家有关规定计取。

# 第十二章　用 VBA(宏)生成概算最终成果

概算文件包括设计概算报告(正件)、附件、投资对比分析报告。如何得到这些内容呢?

到目前为止,我们在 D 盘上建立的 Excel 表格"D:\水利工程概算软件表格.xlsx"中已经建了很多表格,这些表格中都编制了公式,这个表格是一个基本的表格。随着我们做的概预算越来越多,这个表格会越来越大,其中的内容只累加,不用删除,积累多了用起来更方便。但是作为一个具体的工程,只会用到这个具体工程需要的内容,如果手动去挑选这个工程用到的表格很麻烦,所以这一章就是教给大家如何用 Excel 中自带的 VBA(宏)编程自动生成具体工程的概预算最终成果。

## 第一节　概算正件组成内容

水总〔2014〕429 号文件规定,概算正件共分三部分内容。

### 一、编制说明

**(一)工程概况**

工程概况包括:流域、河系,兴建地点,工程规模,工程效益,工程布置形式,主体建筑工程量,主要材料用量,施工总工期等。

**(二)投资主要指标**

投资主要指标包括:工程总投资和静态总投资,年度价格指数,基本预备费率,建设期融资额度、利率和利息等。

**(三)编制原则和依据**

(1)概算编制原则和依据。

(2)人工预算单价,主要材料,施工用电、水、风以及砂石料等基础单价的计算依据。

(3)主要设备价格的编制依据。

(4)建筑安装工程定额、施工机械台时费定额和有关指标的采用依据。

(5)费用计算标准及依据。

(6)工程资金筹措方案。

**(四)概算编制中其他应说明的问题**

**(五)主要技术经济指标表**

主要技术经济指标表根据工程特性表编制,反映工程主要技术经济指标。

### 二、工程概算总表

工程概算总表应汇总工程部分、建设征地移民补偿、环境保护工程、水土保持工程总概算表。

### 三、工程部分概算表和概算附表

**（一）概算表**

（1）工程部分总概算表。

（2）建筑工程概算表。

（3）机电设备及安装工程概算表。

（4）金属结构设备及安装工程概算表。

（5）施工临时工程概算表。

（6）独立费用概算表。

（7）分年度投资表。

（8）资金流量表（枢纽工程）。

**（二）概算附表**

（1）建筑工程单价汇总表。

（2）安装工程单价汇总表。

（3）主要材料预算价格汇总表。

（4）次要材料预算价格汇总表。

（5）施工机械台时费汇总表。

（6）主要工程量汇总表。

（7）主要材料量汇总表。

（8）工时数量汇总表。

# 第二节　　概算附件组成内容

（1）人工预算单价计算表。

（2）主要材料运输费用计算表。

（3）主要材料预算价格计算表。

（4）施工用电价格计算书（附计算说明）。

（5）施工用水价格计算书（附计算说明）。

（6）施工用风价格计算书（附计算说明）。

（7）补充定额计算书（附计算说明）。

（8）补充施工机械台时费计算书（附计算说明）。

（9）砂石料单价计算书（附计算说明）。

（10）混凝土材料单价计算表。

（11）建筑工程单价表。

（12）安装工程单价表。

（13）主要设备运杂费率计算书（附计算说明）。

（14）施工房屋建筑工程投资计算书（附计算说明）。

（15）独立费用计算书（勘测设计费可另附计算书）。

（16）分年度投资计算表。

（17）资金流量计算表。

（18）价差预备费计算表。

（19）建设期融资利息计算书（附计算说明）。

（20）计算人工、材料、设备预算价格和费用依据的有关文件、询价报价资料及其他。

# 第三节　操作界面

在 D 盘上建一个文件夹 概预算Excel软件，把"D:\水利工程概算软件表格.xlsx"文件复制到这个文件夹中。进入文件夹，按鼠标右键新建一个 Excel 表格，命名为"概预算成果" 概预算成果.xlsx，双击打开这个表格。选择"文件"→"另存为"，在"保存类型"框中选择 Excel 启用宏的工作簿(*.xlsm)，保存为文件 概预算成果.xlsm。看一下文件的最上端，这时打开的文件改成了 概预算成果.xlsm - Microsoft Excel。

操作界面、VBA 编程都在"概预算成果.xlsm"这个文件里完成。编制"操作界面"的步骤如下：

（1）页面布局。选择菜单"视图"，选择功能面板"页面布局"，这时表格变成了各个页面，把"sheet"改名为"操作界面"。

（2）按照图 12-1 输入概算成果的目录。

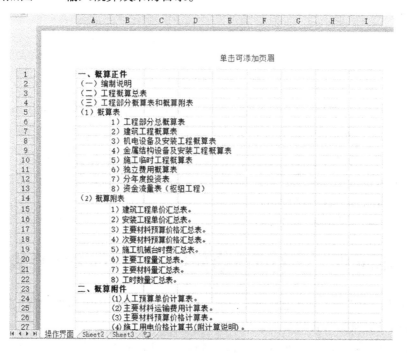

**图 12-1　概算成果目录**

（3）按照图 12-2 添加正件和附件名称命名的所有工作表。

操作界面 ╱ 一、概算正件 ╱（一）编制说明 ╱（二）工程概算总表 ╱（三）工程部分概算表和概算附表 ╱（1）概算表 ╱ 1）工程部分总概算表 ╱ 2）建筑工程概算表 ▶

**图 12-2　正件和附件命名的工作表**

（4）添加"开发工具"选项卡，"文件"→"选项"→"自定义功能区"，在开发工具左侧的方框内打"√"。

（5）"开发工具"→"插入"→选择"按钮"控件，这时光标变成十字，用光标的十字在"（一）编制说明"这一行的 G 列画出按钮，画完后马上出现如图 12-3 所示的指定宏对话框，把宏名"按钮 1_Click"改为"编制说明"，然后点击"确定"。

**图 12-3　指定宏对话框**

此时按钮处于编辑状态 按钮 1 ，将"按钮 1"选中 按钮 1 ，改名为"生成" 生成 ，按照同样的方法把目录的每一项都加上 生成 按钮。如图 12-4 所示。

这些"生成"按钮的宏名分别为"工程概算总表""工程部分总概算表""建筑工程概算表""机电概算表""金结概算表""临时工程概算表""独立费用概算表""分年度投资表""资金流量表"。可以自行命名。

此时，操作界面基本形成了。

# 第四节　VBA（宏）编程生成工程部分概算表

"（一）编制说明""（二）工程概算总表"的 VBA 先不编，先来编"（三）工程部分概算表"，工程部分的概算附表到第五节再编。

没有学过 VB（Visual Basic）语言，怎么才能用 VB 语言编程呢？没有学过 VB 现去学 VB 有点困难，其实从头到尾把 VB 语言学一遍也不一定能学好。计算机语言要想学好，

图 12-4

必须从实际编程开始,遇到不明白的再去查 VB 的语法。

## 一、五大部分概算表的编制

我们先来编"(三)工程部分概算表"中的"2)建筑工程概算表"。

用 VBA(宏)编"2)建筑工程概算表"的步骤如下:

(1)确定"建筑工程概算表"的格式(表头)。水总〔2014〕429 号文件规定的建筑工程概算表的表头如图 12-5 所示。

**建筑工程概算表**

| 序号 | 工程或费用名称 | 单位 | 数量 | 单价(元) | 合计(万元) |
|---|---|---|---|---|---|
|  |  |  |  |  |  |

图 12-5 建筑工程概算表的格式

(2)到"水利工程概算软件表格.xlsx"中找一下有没有与以上格式相同的表。"水利工程概算软件表格.xlsx"这个文件我们已经复制到"D:\概预算 Excel 软件"这个文件夹中,在运行 VBA 时这个文件都要处于打开状态。还真找到了类似的表,如图 12-6 所示。

图 12-6 比水总〔2014〕429 号文件规定的表头多了两列,我们把 B 列和 F 列隐藏,如图 12-7 所示。

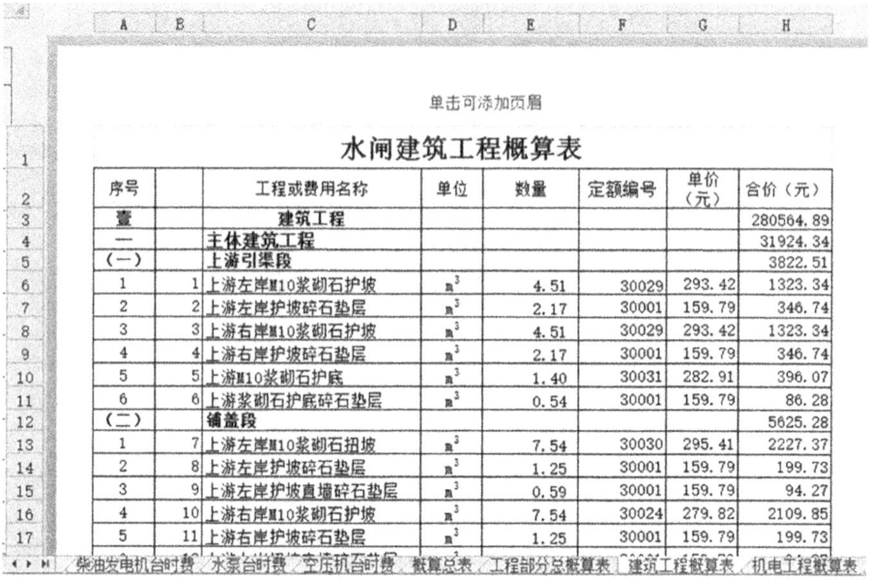


水闸建筑工程概算表

| 序号 | | 工程或费用名称 | 单位 | 数量 | 定额编号 | 单价（元） | 合价（元） |
|---|---|---|---|---|---|---|---|
| 壹 | | 建筑工程 | | | | | 280564.89 |
| 一 | | 主体建筑工程 | | | | | 31924.34 |
| （一） | | 上游引渠段 | | | | | 3822.51 |
| 1 | 1 | 上游左岸M10浆砌石护坡 | $m^3$ | 4.51 | 30029 | 293.42 | 1323.34 |
| 2 | 2 | 上游左岸护坡碎石垫层 | $m^3$ | 2.17 | 30001 | 159.79 | 346.74 |
| 3 | 3 | 上游右岸M10浆砌石护坡 | $m^3$ | 4.51 | 30029 | 293.42 | 1323.34 |
| 4 | 4 | 上游右岸护坡碎石垫层 | $m^3$ | 2.17 | 30001 | 159.79 | 346.74 |
| 5 | 5 | 上游M10浆砌石护底 | $m^3$ | 1.40 | 30031 | 282.91 | 396.07 |
| 6 | 6 | 上游浆砌石护底碎石垫层 | $m^3$ | 0.54 | 30001 | 159.79 | 86.28 |
| （二） | | 铺盖段 | | | | | 5625.28 |
| 1 | 7 | 上游左岸M10浆砌石扭坡 | $m^3$ | 7.54 | 30030 | 295.41 | 2227.37 |
| 2 | 8 | 上游左岸护坡碎石垫层 | $m^3$ | 1.25 | 30001 | 159.79 | 199.73 |
| 3 | 9 | 上游左岸护坡直墙碎石垫层 | $m^3$ | 0.59 | 30001 | 159.79 | 94.27 |
| 4 | 10 | 上游右岸M10浆砌石护坡 | $m^3$ | 7.54 | 30024 | 279.82 | 2109.85 |
| 5 | 11 | 上游右岸护坡碎石垫层 | $m^3$ | 1.25 | 30001 | 159.79 | 199.73 |

图 12-6

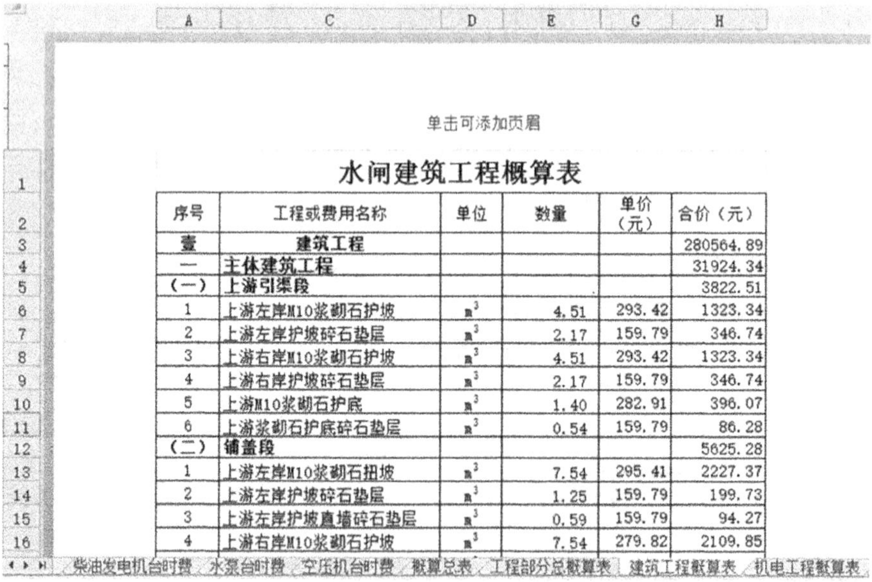


水闸建筑工程概算表

| 序号 | 工程或费用名称 | 单位 | 数量 | 单价（元） | 合价（元） |
|---|---|---|---|---|---|
| 壹 | 建筑工程 | | | | 280564.89 |
| 一 | 主体建筑工程 | | | | 31924.34 |
| （一） | 上游引渠段 | | | | 3822.51 |
| 1 | 上游左岸M10浆砌石护坡 | $m^3$ | 4.51 | 293.42 | 1323.34 |
| 2 | 上游左岸护坡碎石垫层 | $m^3$ | 2.17 | 159.79 | 346.74 |
| 3 | 上游右岸M10浆砌石护坡 | $m^3$ | 4.51 | 293.42 | 1323.34 |
| 4 | 上游右岸护坡碎石垫层 | $m^3$ | 2.17 | 159.79 | 346.74 |
| 5 | 上游M10浆砌石护底 | $m^3$ | 1.40 | 282.91 | 396.07 |
| 6 | 上游浆砌石护底碎石垫层 | $m^3$ | 0.54 | 159.79 | 86.28 |
| （二） | 铺盖段 | | | | 5625.28 |
| 1 | 上游左岸M10浆砌石扭坡 | $m^3$ | 7.54 | 295.41 | 2227.37 |
| 2 | 上游左岸护坡碎石垫层 | $m^3$ | 1.25 | 159.79 | 199.73 |
| 3 | 上游左岸护坡直墙碎石垫层 | $m^3$ | 0.59 | 159.79 | 94.27 |
| 4 | 上游右岸M10浆砌石护坡 | $m^3$ | 7.54 | 279.82 | 2109.85 |

图 12-7

(3)通过“录制宏”来复制这个表格。在“水利工程概算软件表格. xlsx”中有现成的表格,我们就用复制的办法,如果没有,需要提取数据重新编制。

在“概预算成果. xlsm”中点击“开发工具”→录制宏,弹出图 12-8 所示的对话框,点击“确定”按钮。开始录制:①进入“水利工程概算软件表格. xlsx”;②点开“建筑工程概算表”;③选中 A ~ H 列(选 A ~ H 字母,不是选表格);④按 Ctrl + C,如图 12-9 所示;⑤进入“概预算成果. xlsm”;⑥点开“2)建筑工程概算表”;⑦选择单元格 A1;⑧按 Ctrl + V 把复制的表格粘贴过来;⑨返回操作界面,点 停止录制。共 9 步,这 9 步会产生 9 句 VB 代码。

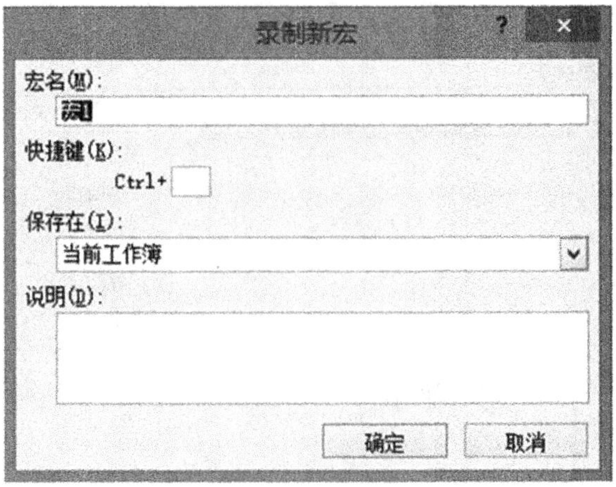


图 12-8

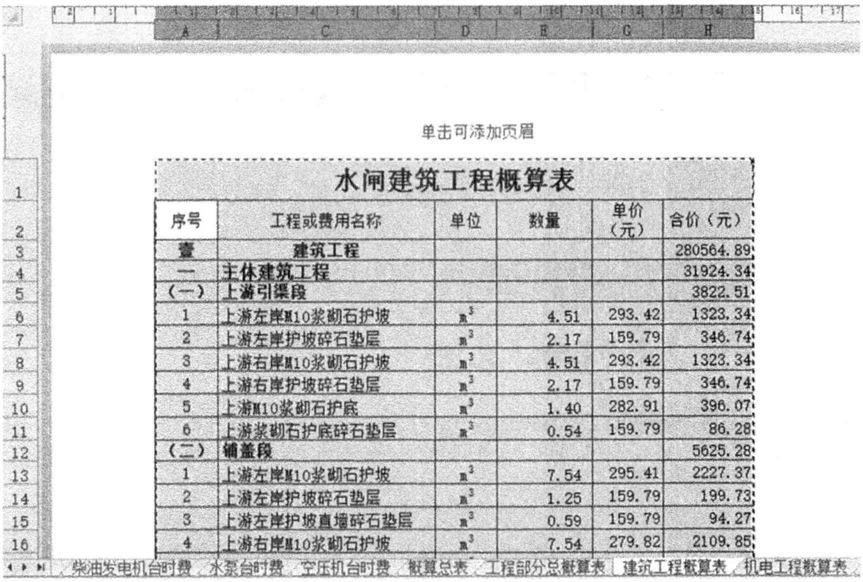


水闸建筑工程概算表

| 序号 | 工程或费用名称 | 单位 | 数量 | 单价（元） | 合价（元） |
|---|---|---|---|---|---|
| 壹 | 建筑工程 | | | | 280564.89 |
| 一 | 主体建筑工程 | | | | 31924.34 |
| （一） | 上游引渠段 | | | | 3822.51 |
| 1 | 上游左岸M10浆砌石护坡 | $m^3$ | 4.51 | 293.42 | 1323.34 |
| 2 | 上游左岸护坡碎石垫层 | $m^3$ | 2.17 | 159.79 | 346.74 |
| 3 | 上游右岸M10浆砌石护坡 | $m^3$ | 4.51 | 293.42 | 1323.34 |
| 4 | 上游右岸护坡碎石垫层 | $m^3$ | 2.17 | 159.79 | 346.74 |
| 5 | 上游M10浆砌石护底 | $m^3$ | 1.40 | 282.91 | 396.07 |
| 6 | 上游浆砌石护底碎石垫层 | $m^3$ | 0.54 | 159.79 | 86.28 |
| （二） | 铺盖段 | | | | 5625.28 |
| 1 | 上游左岸M10浆砌石护坡 | $m^3$ | 7.54 | 295.41 | 2227.37 |
| 2 | 上游左岸护坡碎石垫层 | $m^3$ | 1.25 | 159.79 | 199.73 |
| 3 | 上游左岸护坡直墙碎石垫层 | $m^3$ | 0.59 | 159.79 | 94.27 |
| 4 | 上游右岸M10浆砌石护坡 | $m^3$ | 7.54 | 279.82 | 2109.85 |

图 12-9

(4)查看 VB 代码。通过“录制宏”,计算机已经把我们在第 3 步的每一个动作用 VB 代码录制了下来,点击 宏 按钮,出现图 12-10 的“宏”对话框,选择“宏 1”,点击“编辑”,进入了代码编辑窗口,如图 12-11 所示。

与图 12-11 比较,多余的代码可以删掉。

(5)分析 VB 代码。

①Sub 宏 1( )中的 Sub 是 VB 代码的“过程”关键字,可称作一个 Sub 过程或 Sub 程

序,一般称作一个子程序或子程序,Sub 必须与 End Sub 成对出现。Sub 后面的宏 1( )是这个子过程的名称。

图 12-10

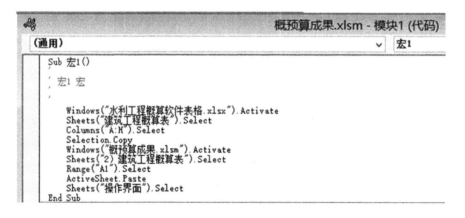

图 12-11

②"'"后面的语句是绿色的,属于注释语句,在程序执行时跳过这样的语句不执行,是帮助阅读程序用的。

③Windows("水利工程概算软件表格. xlsx"). Activate 这一句,是指激活"水利工程概算软件表格. xlsx"窗口。我们打开"水利工程概算软件表格. xlsx"文件时,在"Windows"这个集合中添加了一个名称为"水利工程概算软件表格. xlsx"的窗口。Activate 称为"方法",在 VB 中"方法"是执行某一动作的意思。Windows("水利工程概算软件表格. xlsx"). Activate,就是让"水利工程概算软件表格. xlsx"窗口成为当前活动的窗口。

④Sheets("建筑工程概算表"). Select,Sheets 是工作表集合,这句的意思是进入名称为"建筑工程概算表"的这个工作表中。

⑤Columns("A:H").Select 中"Columns"是"列"的集合,"A:H"是 A 列到 H 列这个区域,"Select"也是方法,"选择"的意思。

⑥Selection.Copy 是我们按 Ctrl + C 时录制的语句,Selection 是选择集的意思,Select 动作后总会产生一个 Selection.Copy 也是方法,这个方法一执行,剪贴板(ClipBoard)内就存入了刚刚 Copy 的内容。

⑦Windows("概预算成果.xlsm").Activate,再激活"概预算成果.xlsm"这个文件。

⑧Sheets("2)建筑工程概算表").Select,进入名称为"2)建筑工程概算表"的工作表。

⑨Range("A1").Select,Range 是范围的意思,这句是选中 A1 单元格。

⑩ActiveSheet.Paste,"ActiveSheet"是"活动的工作表"的意思。当前活动的工作表是"2)建筑工程概算表"。ActiveSheet.Paste 就是调用工作表的 Paste 方法,把剪贴板(ClipBoard)中的内容粘贴到当前活动的工作表中来。

(6)为"生成"按钮添加代码。

①选中刚才的代码,按 Ctrl + C,如图 12-12 所示。

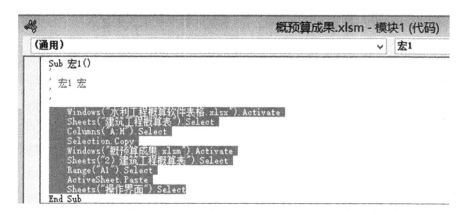

图 12-12

②进入"概预算成果.xlsm"工作簿的"操作界面"工作表,在"2)建筑工程概算表"这一行的生成按钮上按右键,弹出菜单,选择"指定宏",如图 12-13 所示。

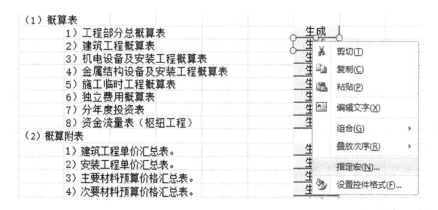

图 12-13

③弹出如图 12-14 所示的对话框,点击"新建"按钮。

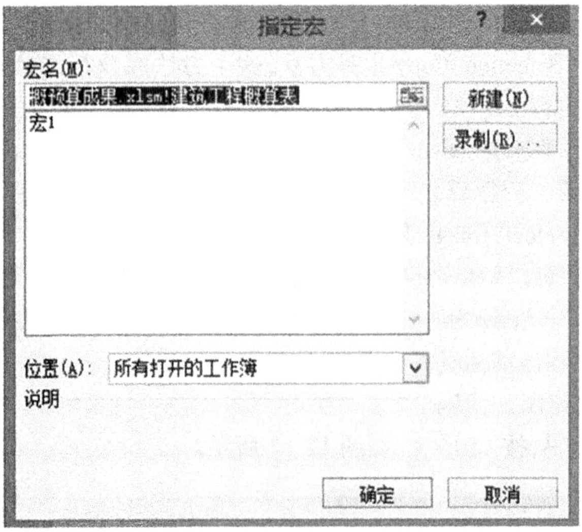

图 12-14

④点击"新建"按钮后进入图 12-15 所示的代码编辑窗口。

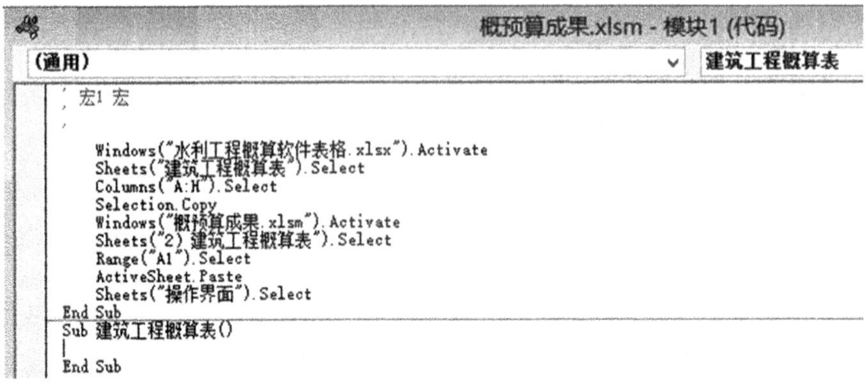

图 12-15

⑤在图 12-15 的"Sub 建筑工程概算表( )"子过程中按 Ctrl + V,把刚才复制的代码粘贴过来。如图 12-16 所示。如果粘贴不过来,说明剪贴板中的内容丢失了,再从图 12-15 中"Sub 宏 1( )"子过程中复制一下代码,重新到"Sub 建筑工程概算表( )"子过程中按 Ctrl + V。

⑥进入"概预算成果. xlsm"工作簿的"操作界面"工作表,点击"2)建筑工程概算表"这一行的"生成"按钮,看一下代码是不是顺利执行了我们手动操作的所有工作。

"3)机电设备及安装工程概算表""4)金属结构设备及安装工程概算表""5)施工临时工程概算表""6)独立费用概算表"在"水利工程概算软件表格. xlsx"都有相同的表,都可以采用复制粘贴的方法。

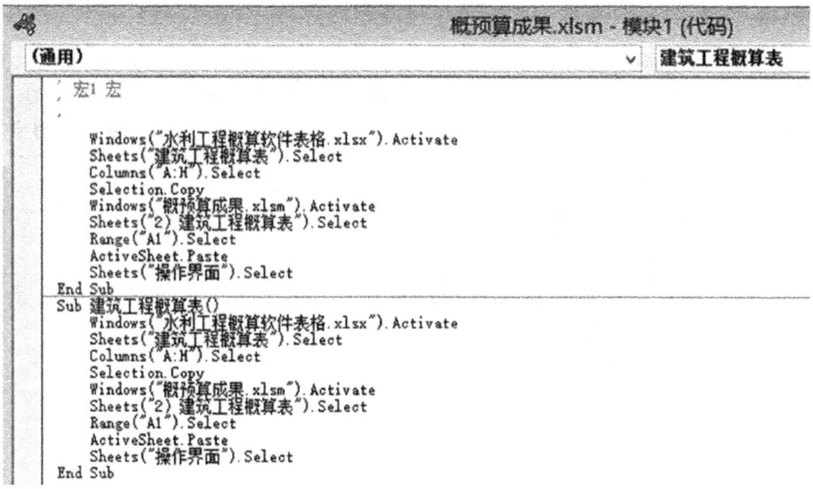

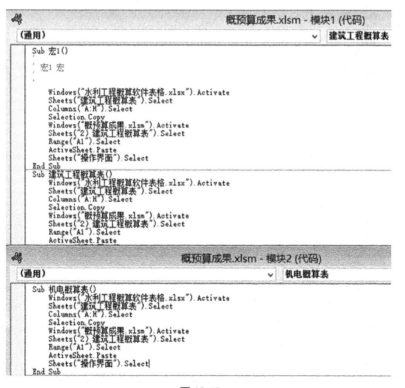

**图** 12-16

"3)机电设备及安装工程概算表"的代码编制方法如下：

进入"概预算成果.xlsm"工作簿的"操作界面"工作表,在"3)机电设备及安装工程概算表"这一行的生成按钮上按右键,弹出菜单,选择"指定宏",点"新建"按钮。进入代码编辑窗口,这时弹出的代码窗口可能是"模块 2"或者"模块 3"的窗口。不用管它,把上面写好的"Sub 建筑工程概算表()"子过程的代码复制粘贴过来,如图 12-17 所示。

**图** 12-17

把粘贴过来的代码改成图 12-18 所示的代码。

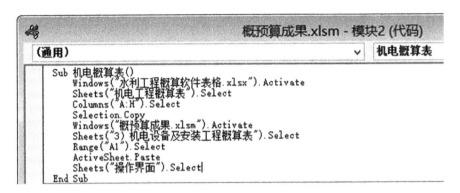

图 12-18

用同样的方法,把"4)金属结构设备及安装工程概算表""5)施工临时工程概算表""6)独立费用概算表"对应的生成按钮添加上代码。如图 12-19 所示。

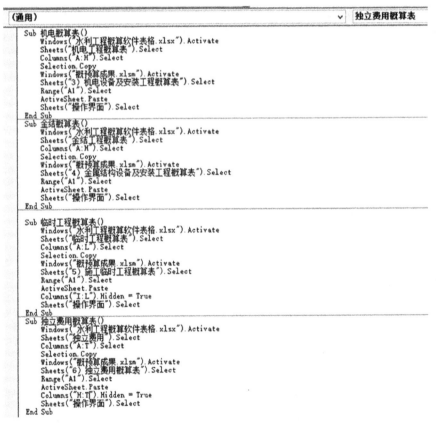

图 12-19

只是临时工程和独立费用代码中的"Columns("A:H").Select"语句改成了"Columns("A:L").Select""Columns("A:T").Select",目的是把辅助表格也复制过来,否则的话,由于公式的原因会出现错误。在临时工程代码中加了一句"Columns("I:L"). Hidden = True",在独立费用代码中加了一句"Columns("H:T"). Hidden = True",目的是把复制过来的辅助表格隐藏起来,防止打印时打印出来。

## 二、分年度投资表的编制

### (一)水总[2014]429 号文件对分年度投资计算的规定

分年度投资是根据施工组织设计确定的施工进度和合理工期而计算出的工程各年度预计完成的投资额。

1. 建筑工程

(1)建筑工程分年度投资表应根据施工进度的安排,对主要工程按各单项工程分年度完成的工程量和相应的工程单价计算。对于次要的和其他工程,可根据施工进度,按各年所占完成投资的比例,摊入分年度投资表。

(2)建筑工程分年度投资的编制可视不同情况按项目划分列至一级项目或二级项目,分别反映各自的建筑工程量。

2. 设备及安装工程

设备及安装工程分年度投资应根据施工组织设计确定的设备安装进度计算各年预计完成的设备费和安装费。

3. 费用

根据费用的性质和费用发生的时段,按相应年度分别进行计算。

水总[2014]429 号文件中分年度投资表的表头格式如图 12-20 所示。

| 序号 | 项目 | 合计 | 建设工期（年） | | | | | | |
|---|---|---|---|---|---|---|---|---|---|
| | | | 1 | 2 | 3 | 4 | 5 | 6 | … |
| Ⅰ | 工程部分投资 | | | | | | | | |
| 一 | 建筑工程 | | | | | | | | |
| 1 | 建筑工程 | | | | | | | | |
| | ×××工程（一级项目） | | | | | | | | |
| 2 | 施工临时工程 | | | | | | | | |
| | ×××工程（一级项目） | | | | | | | | |
| 二 | 安装工程 | | | | | | | | |
| 1 | 机电设备安装工程 | | | | | | | | |
| | ×××工程（一级项目） | | | | | | | | |
| 2 | 金属结构设备安装工程 | | | | | | | | |
| | ×××工程（一级项目） | | | | | | | | |
| 三 | 设备购置费 | | | | | | | | |
| 1 | 机电设备 | | | | | | | | |
| | ×××设备 | | | | | | | | |
| 2 | 金属结构设备 | | | | | | | | |

表 五　分 年 度 投 资 表　　单 位 ： 万 元

**图 12-20**

**（二）分年度投资表的设计**

编制分年度投资表需要两个重要的依据：一个是进度图，一个是五大部分的概算表。进度图决定表格的列，五大部分概算表决定表格的行。

列：进度图的列一般划分到月、旬、天，我们把分年度投资表划分到月，基本上能较为准确地预测完成的工程量。为便于编程，设计格式如图 12-21 所示。

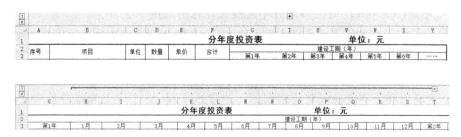

**图 12-21**

注意 G 和 T 列隐藏了 H～S 列 12 个月份，T 列上边有个 + 号，可以展开，这是用"数据"→"分级显示"→"创建组"来创建的，可以自己试一下，体会一下分级显示的功能。

行：五大部分的概算表一般分为一级项目、二级项目、三级项目，关键是序号的设计。结合水总〔2014〕429 号文件给的分年度投资表的格式，我们设计序号为：一级用"1.1"，二级用"1.1.1"，三级用"[1]"表示。如图 12-22 所示。

| 1 2 | | A | B |
|---|---|---|---|
| | 1 | | |
| | 2 | 序号 | 项目 |
| | 3 | | |
| | 4 | I | 工程部分投资 |
| | 5 | 一 | 建筑工程 |
| | 6 | 1 | 建筑工程 |
| | 7 | 1.1 | 主体建筑工程 |
| | 8 | 1.1.1 | 上游引渠段 |
| + | 15 | 1.1.2 | 铺盖段 |
| + | 24 | 1.1.3 | 闸室段 |
| · | 25 | [1] | C25钢筋混凝土闸底板 |
| · | 26 | [2] | C25钢筋混凝土闸底板左封头 |
| · | 27 | [3] | C25钢筋混凝土闸底板右封头 |
| · | 28 | [4] | 闸底板C15素混凝土垫层 |
| · | 29 | [5] | C25钢筋混凝土左边墩 |
| · | 30 | [6] | 闸门槽左侧二期C25混凝土 |
| · | 31 | [7] | C25钢筋混凝土右边墩 |
| · | 32 | [8] | 闸门槽右侧二期C25混凝土 |
| · | 33 | [9] | C25钢筋混凝土启闭机桥 |
| · | 34 | [10] | C25钢筋混凝土检修桥板 |
| − | 35 | 1.1.4 | 消力池段 |
| · | 36 | [1] | 下游左岸M10浆砌石护坡 |

**图 12-22**

三级项目用分级显示创建了组，点击" + "展开三级项目，点击" − "隐藏三级项目。

**（三）分年度投资表的 VBA 编程**

在操作界面"7）分年度投资表"行的　　生成　｜按钮按右键→"指定宏"→"新建"，弹出代码窗口。如图 12-23 所示。

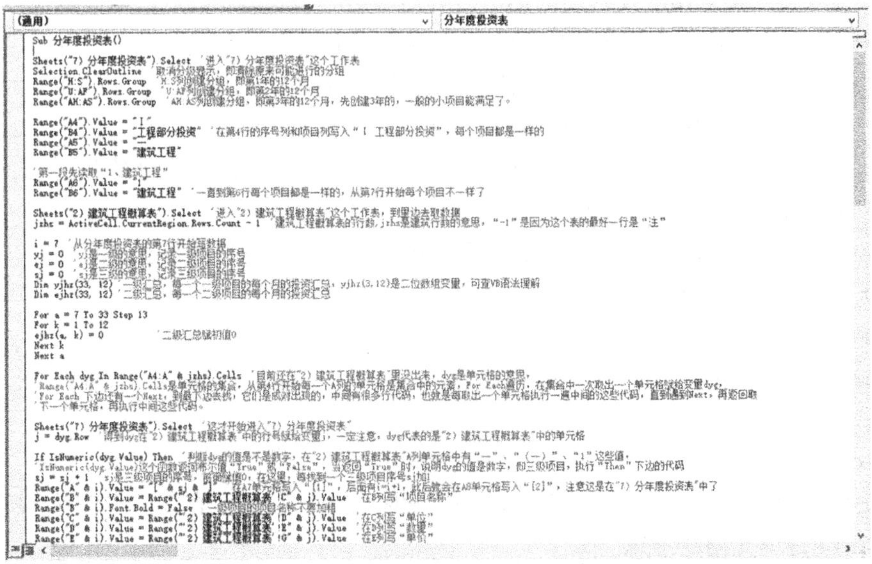

**图 12-23**

以下是 VBA 代码和注释,认真阅读,反复理解,以便今后修改和维护。"'"后面是注释。

Sub 分年度投资表( )

Sheets("7)分年度投资表"). Select　　　'进入"7)分年度投资表"这个工作表

Selection. ClearOutline　　'取消分级显示,即清除原来可能进行的分组

Range("H:S"). Rows. Group　　'H:S 列创建分组,即第 1 年的 12 个月

Range("U:AF"). Rows. Group　　'U:AF 列创建分组,即第 2 年的 12 个月

Range("AH:AS"). Rows. Group　　　'AH:AS 列创建分组,即第 3 年的 12 个月,先创建 3 年的,一般的小项目能满足了。

Range("A4"). Value = "Ⅰ"

Range("B4"). Value = "工程部分投资"　　　'在第 4 行的序号列和项目列写入"Ⅰ 工程部分投资",每个项目都是一样的

Range("A5"). Value = "一"

Range("B5"). Value = "建筑工程"

'第一段先读取"1、建筑工程"

Range("A6"). Value = "1"

Range("B6"). Value = "建筑工程"　　　'一直到第 6 行每个项目都是一样的,从第 7 行开始每个项目不一样了

Sheets("2)建筑工程概算表"). Select　　　'进入"2)建筑工程概算表"这个工作表,到里边去取数据

jzhs = ActiveCell. CurrentRegion. Rows. Count - 1　　　'建筑工程概算表的行数,jzhs

是建筑行数的意思,"-1"是因为这个表的最后一行是"注"

```
i = 7        '从分年度投资表的第 7 行开始写数据
yj = 0       'yj 是一级的意思,记录一级项目的序号
ej = 0       'ej 是二级的意思,记录二级项目的序号
sj = 0        'sj 是三级的意思,记录三级项目的序号
Dim yjhz(33, 12)        '一级汇总,每一个一级项目的每个月的投资汇总,yjhz(3,
```
12)是二位数组变量,可查 VB 语法理解
```
Dim ejhz(33, 12)         '二级汇总,每一个二级项目的每个月的投资汇总
For a = 7 To 33 Step 13
For k = 1 To 12
ejhz(a, k) = 0       '二级汇总赋初值 0
Next k
Next a
For Each dyg In Range("A4:A" & jzhs). Cells        '目前还在"2)建筑工程概算表"里
```
没出来,dyg 是单元格的意思

'Range("A4:A" & jzhs). Cells 是单元格的集合,从第 4 行开始每一个 A 列的单元格是集合中的元素,For Each 遍历,在集合中一次取出一个单元格赋给变量 dyg

'For Each 下边还有一个 Next,到最下边去找,它们是成对出现的,中间有很多行代码,也就是每取出一个单元格执行一遍中间的这些代码,直到遇到 Next,再返回取

'下一个单元格,再执行中间这些代码。
```
Sheets("7)分年度投资表"). Select        '这才开始进入"7)分年度投资表"
j = dyg. Row '得到 dyg 在"2)建筑工程概算表"中的行号赋给变量 j,一定注意,dyg
```
代表的是"2)建筑工程概算表"中的单元格
```
If IsNumeric(dyg. Value) Then        '判断 dyg 的值是不是数字,在"2)建筑工程概算
```
表"A 列单元格中有"一""(一)""1"这些值

'IsNumeric(dyg. Value)这个函数返回布尔值"True"或"False",当返回"True"时,说明 dyg 的值是数字,即三级项目,执行"Then"下边的代码
```
sj = sj + 1      'sj 是三级项目的序号,前面赋值 0,在这里,每找到一个三级项目序
```
号 sj 加 1
```
Range("A" & i). Value = "[" & sj & "]"        '在 A7 单元格写入"[1]",后面有 i =
```
i+1,此后就会在 A8 单元格写入"[2]",注意这是在"7)分年度投资表"中了
```
Range("B" & i). Value = Range("'2)建筑工程概算表'! C" & j). Value        '在 B
```
列写"项目名称"
```
Range("B" & i). Font. Bold = False        '一级项目的项目名称不要加粗
Range("C" & i). Value = Range("'2)建筑工程概算表'! D" & j). Value        '在 C
```
列写"单位"
```
Range("D" & i). Value = Range("'2)建筑工程概算表'! E" & j). Value        '在 D
```
列写"数量"

Range("E" & i). Value = Range("'2)建筑工程概算表'! G" & j). Value 　　'在 E 列写"单价"

Range("F" & i). Value = Range("'2)建筑工程概算表'! H" & j). Value 　　'在 F 列写"合价"

For a = 7 To 33 Step 13 　　'a 分别取值 7、20、33,代表 3 列,每一列是年份的列号

For m = 1 To 12

Cells(i, m + a). NumberFormatLocal = "0%" 　　'cells(行号,列号),NumberFormatLocal 单元格的属性,是数字格式的意思,"0%"为整数百分比

'这一句的目的是分年度投资表的序号、项目列出来之后,由用户在每一个三级项目那一行

'按照施工组织设计的进度输入哪一年哪一月这个三级项目完成百分之多少,Excel 依据用户输入的数据计算月份、年度投资

Next m

Next a

For a = 7 To 33 Step 13

For k = 1 To 12

ejhz(a, k) = ejhz(a, k) + Range("F" & i). Value * Cells(i, k + a). Value

'Range("F" & i). Value 是第 F 列某一三级项目的投资

'Cells(i, k + a). Value 是用户填写的某一月份完成工作量的百分比,这一句的功能是本月完成的某一二级项目下所有三级项目投资汇总到 ejhz(a,k)

Cells(yjhh, k + a). NumberFormatLocal = "0.00_ " 　　'存放一级汇总的单元格保留两位小数

Cells(yjhh, k + a). Value = yjhz(a, k) 　　'写入一级汇总,yjhh 是一级行号的意思,一级项目所在的行号

If ejhh > yjhh Then 　　'二级行号大于一级行号说明这个一级项目下有二级项目,否则一级项目下直接就是三级项目

Cells(ejhh, k + a). NumberFormatLocal = "0.00_ "

Cells(ejhh, k + a). Value = ejhz(a, k)

Else 　　'一级项目下没有二级项目,直接是三级项目

Cells(yjhh, k + a). NumberFormatLocal = "0.00_ "

Cells(yjhh, k + a). Value = ejhz(a, k) 　　'在一级项目行直接填二级汇总

End If

Next k

Next a

Range("G" & i). Formula = " = F" & i & " * sum(H" & i & ":S" & i & ")" 　　'该项三级项目第 1 年完成的投资合计

Range("T" & i). Formula = " = F" & i & " * sum(U" & i & ":AF" & i & ")" 　　'该项三级项目第 2 年完成的投资合计

Range("AG" & i).Formula = "=F" & i & "*sum(AH" & i & ":AS" & i & ")"　　　'该项三级项目第 3 年完成的投资合计

Range("A" & i).Rows.Group　　　'把三级项目创建组

ElseIf Left(dyg.Value, 1) = "(" Then　　　'"2)建筑工程概算表"A 列中的 dyg 的值不是数字而是左边数第 1 个字符是"(",说明这一行是二级项目

For a = 7 To 33 Step 13

For k = 1 To 12

yjhz(a, k) = yjhz(a, k) + ejhz(a, k)　　　'把二级项目汇总到一级项目

Next k

Next a

For a = 7 To 33 Step 13

For k = 1 To 12

ejhz(a, k) = 0　　　'二级汇总累加到一级汇总后要归零,以便下一个二级项目继续汇总

Next k

Next a

ej = ej + 1

Range("A" & i).Value = "1." & yj & "." & ej　　　'写入二级项目的序号

Range("B" & i).Value = Range("'2)建筑工程概算表'! C" & j).Value　　　'写二级项目的名称

Range("F" & i).Value = Range("'2)建筑工程概算表'! H" & j).Value　　　'写二级项目的投资

Range("B" & i).Font.Bold = True '二级项目的名称加粗

ejhh = Range("B" & i).Row　　　'ejhh 是二级项目所在的行号,获取二级项目的行号

sj = 0　　　'三级项目的序号归零,因为后面遇到的 dyg 应该是三级项目了

Range("G" & i).Formula = "=sum(H" & i & ":S" & i & ")"　　　'该项二级项目第 1 年完成的投资合计

Range("T" & i).Formula = "=sum(U" & i & ":AF" & i & ")"　　　'该项二级项目第 2 年完成的投资合计

Range("AG" & i).Formula = "=sum(AH" & i & ":AS" & i & ")"　　　'该项二级项目第 3 年完成的投资合计

Else　　　'"2)建筑工程概算表"A 列中的 dyg 的值不是数字也不带括号,那就是一级项目了

For a = 7 To 33 Step 13

For k = 1 To 12

yjhz(a, k) = 0　　　'一级汇总归零

Next k

Next a

For a = 7 To 33 Step 13

For k = 1 To 12

ejhz(a, k) = 0        '二级汇总也归零

Next k

Next a

yj = yj + 1       '一级项目序号累加 1,得到当前这个一级项目的序号

Range("A" & i). Value = "1." & yj        '写一级项目的序号

Range("B" & i). Value = Range("'2)建筑工程概算表'! C" & j). Value       '写一级项目的名称

Range("F" & i). Value = Range("'2)建筑工程概算表'! H" & j). Value       '写一级项目的投资

Range("B" & i). Font. Bold = True       '让一级项目的名称加粗

yjhh = Range("B" & i). Row       'yjhh 是一级项目所在的行号,获取一级项目的行号

ej = 0       '二级项目的序号归零,因为后面遇到的 dyg 应该是二级项目

sj = 0       '三级项目的序号归零,因为后面遇到的 dyg 可能是三级项目

Range("G" & i). Formula = " = sum(H" & i & ":S" & i & ")"       '该项一级项目第 1 年完成的投资合计

Range("T" & i). Formula = " = sum(U" & i & ":AF" & i & ")"       '该项一级项目第 2 年完成的投资合计

Range("AG" & i). Formula = " = sum(AH" & i & ":AS" & i & ")"       '该项一级项目第 3 年完成的投资合计

End If

i = i + 1       '在"7)分年度投资表"中往下移动一行,准备迎接下一个 dyg

Next dyg

For a = 7 To 33 Step 13

For k = 1 To 12

Cells(yjhh, k + a). NumberFormatLocal = "0.00_"

Cells(yjhh, k + a). Value = yjhz(a, k) + ejhz(a, k)       '由于一级汇总是在二级项目累加的(在 ElseIf 后)

'最后一个二级项目汇总没有加进来,所以在这里又加了一遍

Next k

Next a

'把所有的一级项目的投资汇总到"建筑工程"这一行

Dim jzhz(33, 12)       '定义 jzhz 建筑汇总二维数组变量

For a = 7 To 33 Step 13

For k = 1 To 12       '先把建筑汇总二维数组变量归零

jzhz(a, k) = 0

Next k

Next a

For Each dyg In Range("A7:A" & i - 1).Cells 　　　'再用一下 dyg 这个变量,此时的 i 已经到了所有建筑工程的下一行

If Len(dyg.Value) = 3 And Left(dyg.Value, 1) < > "[" Then 　　　'找到一级项目行的序号(3 位数)。如判断是不是"1.1"而不是"[1]"

yjhh = dyg.Row 　　　'取得该一级项目所在的行号

For a = 7 To 33 Step 13

For k = 1 To 12

jzhz(a, k) = jzhz(a, k) + Cells(yjhh, k + a).Value 　　　'累加所有一级项目完成的投资

Next k

Next a

End If

Next dyg

For a = 7 To 33 Step 13

For k = 1 To 12

Cells(6, k + a).Value = jzhz(a, k) 　　　'在第 6 行写入建筑工程汇总

Cells(6, k + a).NumberFormatLocal = "0.00_" 　　　'取两位小数

Next k

Next a

Range("G6").Formula = " = sum(H6:S6)" 　　　'一级项目第 1 年完成的投资合计

Range("T6").Formula = " = sum(U6:AF6)" 　　　'一级项目第 2 年完成的投资合计

Range("AG6").Formula = " = sum(AH6:AS6)" 　　　'一级项目第 3 年完成的投资合计

Range("F6").Value = Range("'2)建筑工程概算表'! H3").Value 　　　'到"2)建筑工程概算表"中取出建筑工程总投资

'第二段再读取"2、施工临时工程"

第一次点击 生成 按钮后生成的"7)分年度投资表"如图 12-24 所示。

手动输入每一个三级项目每个月完成的工程量的百分比,如图 12-25 所示。

这时,年份中三级项目完成的投资已经出来了,但一级项目和二级项目还没有汇总出来,需要再到操作界面去按 生成 按钮,按过之后"7)分年度投资表"变成了如图 12-26 所示表格。

只保留一级项目和二级项目和年份,如图 12-27 所示。

| 序号 | 项目 | 单位 | 数量 | 单价 | 合计 | 第1年 | 1月 | 2月 | 3月 | 4月 |
|---|---|---|---|---|---|---|---|---|---|---|
| I | 工程部分投资 | | | | | | | | | |
| 一 | 建筑工程 | | | | | | | | | |
| 1 | 建筑工程 | | | | | | | | | |
| 1.1 | 主体建筑工程 | | | | 31924.34 | 0.00 | 0.00 | 0.00 | 0.00 | 0.00 |
| 1.1.1 | 上游引渠段 | | | | 3822.51 | 0.00 | 0.00 | 0.00 | 0.00 | 0.00 |
| [1] | 上游左岸M10浆砌石护坡 | m3 | 4.51 | 293.42 | 1323.34 | 0.00 | | | | |
| [2] | 上游左岸护坡碎石垫层 | m3 | 2.17 | 159.79 | 346.74 | 0.00 | | | | |
| [3] | 上游右岸M10浆砌石护坡 | m3 | 4.51 | 293.42 | 1323.34 | 0.00 | | | | |
| [4] | 上游右岸护坡碎石垫层 | m3 | 2.17 | 159.79 | 346.74 | 0.00 | | | | |
| [5] | 上游M10浆砌石护底 | m3 | 1.40 | 282.91 | 396.07 | 0.00 | | | | |
| [6] | 上游浆砌石护底碎石垫层 | m3 | 0.54 | 159.79 | 86.28 | 0.00 | | | | |
| 1.1.2 | 铺盖段 | | | | 5625.28 | 0.00 | 0.00 | 0.00 | 0.00 | 0.00 |
| [1] | 上游左岸M10浆砌石护坡 | m3 | 7.54 | 295.41 | 2227.37 | 0.00 | | | | |
| [2] | 上游左岸护坡碎石垫层 | m3 | 1.25 | 159.79 | 199.73 | 0.00 | | | | |
| [3] | 上游左岸护坡直墙碎石垫层 | m3 | 0.59 | 159.79 | 94.27 | 0.00 | | | | |
| [4] | 上游右岸M10浆砌石护坡 | m3 | 7.54 | 279.82 | 2109.85 | 0.00 | | | | |
| [5] | 上游右岸护坡碎石垫层 | m3 | 1.25 | 159.79 | 199.73 | 0.00 | | | | |
| [6] | 上游右岸护坡直墙碎石垫层 | m3 | 0.59 | 159.79 | 94.27 | 0.00 | | | | |
| [7] | M10浆砌石铺盖 | m3 | 2.00 | 282.91 | 565.82 | 0.00 | | | | |
| [8] | 铺盖碎石垫层 | m3 | 0.84 | 159.79 | 134.22 | 0.00 | | | | |
| 1.1.3 | 闸室段 | | | | 10157.47 | 0.00 | 0.00 | 0.00 | 0.00 | 0.00 |
| [1] | C25钢筋混凝土闸底板 | m3 | 4.31 | 1507.95 | 6499.27 | | | | | |

2) 建筑工程概算表 3) 机电设备及安装工程概算表 4) 金属结构设备及安装工程概算表 5) 施工临时工程概算表 6) 独立费用概算表 7) 分年度投资表 Sh

图 12-24

| 序号 | 项目 | 单位 | 数量 | 单价 | 合计 | 第1年 | 1月 | 2月 | 3月 | 4月 |
|---|---|---|---|---|---|---|---|---|---|---|
| I | 工程部分投资 | | | | | | | | | |
| 一 | 建筑工程 | | | | | | | | | |
| 1 | 建筑工程 | | | | | | | | | |
| 1.1 | 主体建筑工程 | | | | 31924.34 | 0.00 | 0.00 | 0.00 | 0.00 | 0.00 |
| 1.1.1 | 上游引渠段 | | | | 3822.51 | 0.00 | 0.00 | 0.00 | 0.00 | 0.00 |
| [1] | 上游左岸M10浆砌石护坡 | m3 | 4.51 | 293.42 | 1323.34 | 1323.34 | 10% | 20% | 30% | 40% |
| [2] | 上游左岸护坡碎石垫层 | m3 | 2.17 | 159.79 | 346.74 | 346.74 | 10% | 40% | 50% | |
| [3] | 上游右岸M10浆砌石护坡 | m3 | 4.51 | 293.42 | 1323.34 | 1323.34 | 10% | 20% | 30% | 40% |
| [4] | 上游右岸护坡碎石垫层 | m3 | 2.17 | 159.79 | 346.74 | 346.74 | 20% | 30% | 50% | |
| [5] | 上游M10浆砌石护底 | m3 | 1.40 | 282.91 | 396.07 | 396.07 | 10% | 20% | 30% | 40% |
| [6] | 上游浆砌石护底碎石垫层 | m3 | 0.54 | 159.79 | 86.28 | 86.28 | 50% | 50% | | |
| 1.1.2 | 铺盖段 | | | | 5625.28 | 0.00 | 0.00 | 0.00 | 0.00 | 0.00 |
| [1] | 上游左岸M10浆砌石护坡 | m3 | 7.54 | 295.41 | 2227.37 | 2227.37 | 10% | 20% | 30% | 40% |
| [2] | 上游左岸护坡碎石垫层 | m3 | 1.25 | 159.79 | 199.73 | 199.73 | 10% | 40% | 50% | |
| [3] | 上游左岸护坡直墙碎石垫层 | m3 | 0.59 | 159.79 | 94.27 | 94.27 | 10% | 30% | 40% | |
| [4] | 上游右岸M10浆砌石护坡 | m3 | 7.54 | 279.82 | 2109.85 | 2109.85 | 20% | 30% | 50% | |
| [5] | 上游右岸护坡碎石垫层 | m3 | 1.25 | 159.79 | 199.73 | 199.73 | 10% | 30% | 40% | |
| [6] | 上游右岸护坡直墙碎石垫层 | m3 | 0.59 | 159.79 | 94.27 | 94.27 | 50% | 50% | | |
| [7] | M10浆砌石铺盖 | m3 | 2.00 | 282.91 | 565.82 | 565.82 | 20% | 30% | 30% | 20% |
| [8] | 铺盖碎石垫层 | m3 | 0.84 | 159.79 | 134.22 | 134.22 | 50% | 50% | | |
| 1.1.3 | 闸室段 | | | | 10157.47 | 0.00 | 0.00 | 0.00 | 0.00 | 0.00 |
| [1] | C25钢筋混凝土闸底板 | m3 | 4.31 | 1507.95 | 6499.27 | 0.00 | | | | |

2) 建筑工程概算表 3) 机电设备及安装工程概算表 4) 金属结构设备及安装工程概算表 5) 施工临时工程概算表 6) 独立费用概算表 7) 分年度投资表 Sh

图 12-25

| 序号 | 项目 | 单位 | 数量 | 单价 | 合计 | 第1年 | 1月 | 2月 | 3月 | 4月 |
|---|---|---|---|---|---|---|---|---|---|---|
| I | 工程部分投资 | | | | | | | | | |
| 一 | 建筑工程 | | | | | | | | | |
| 1 | 建筑工程 | | | | | | | | | |
| 1.1 | 主体建筑工程 | | | | 31924.34 | 9447.79 | 1372.93 | 2395.53 | 3340.52 | 2338.82 |
| 1.1.1 | 上游引渠段 | | | | 3822.51 | 3822.51 | 451.44 | 894.41 | 1259.56 | 1217.10 |
| [1] | 上游左岸M10浆砌石护坡 | m3 | 4.51 | 293.42 | 1323.34 | 1323.34 | 10% | 20% | 30% | 40% |
| [2] | 上游左岸护坡碎石垫层 | m3 | 2.17 | 159.79 | 346.74 | 346.74 | 10% | 20% | 50% | |
| [3] | 上游右岸M10浆砌石护坡 | m3 | 4.51 | 293.42 | 1323.34 | 1323.34 | 10% | 20% | 30% | 40% |
| [4] | 上游右岸护坡碎石垫层 | m3 | 2.17 | 159.79 | 346.74 | 346.74 | 20% | 30% | 50% | |
| [5] | 上游M10浆砌石护底 | m3 | 1.40 | 282.91 | 396.07 | 396.07 | 10% | 20% | 30% | 40% |
| [6] | 上游浆砌石护底碎石垫层 | m3 | 0.54 | 159.79 | 86.28 | 86.28 | 50% | 50% | | |
| 1.1.2 | 铺盖段 | | | | 5625.28 | 5625.28 | 921.49 | 1501.12 | 2080.95 | 1121.72 |
| [1] | 上游左岸M10浆砌石护坡 | m3 | 7.54 | 295.41 | 2227.37 | 2227.37 | 10% | 20% | 30% | 40% |
| [2] | 上游左岸护坡碎石垫层 | m3 | 1.25 | 159.79 | 199.73 | 199.73 | 10% | 40% | 50% | |
| [3] | 上游左岸护坡直墙碎石垫层 | m3 | 0.59 | 159.79 | 94.27 | 94.27 | 10% | 20% | 30% | 40% |
| [4] | 上游右岸M10浆砌石护坡 | m3 | 7.54 | 279.82 | 2109.85 | 2109.85 | 20% | 20% | 30% | 50% |
| [5] | 上游右岸护坡碎石垫层 | m3 | 1.25 | 159.79 | 199.73 | 199.73 | 10% | 30% | 40% | |
| [6] | 上游右岸护坡直墙碎石垫层 | m3 | 0.59 | 159.79 | 94.27 | 94.27 | 50% | 50% | | |
| [7] | M10浆砌石铺盖 | m3 | 2.00 | 282.91 | 565.82 | 565.82 | 20% | 30% | 30% | 20% |
| [8] | 铺盖碎石垫层 | m3 | 0.84 | 159.79 | 134.22 | 134.22 | 50% | 50% | | |
| 1.1.3 | 闸室段 | | | | 10157.47 | 0.00 | 0.00 | 0.00 | 0.00 | 0.00 |
| [1] | C25钢筋混凝土闸底板 | m3 | 4.31 | 1507.95 | 6499.27 | 0.00 | | | | |

2) 建筑工程概算表 3) 机电设备及安装工程概算表 4) 金属结构设备及安装工程概算表 5) 施工临时工程概算表 6) 独立费用概算表 7) 分年度投资表 Sh

图 12-26

图 12-27

后面很多数是 0,是因为在三级项目中没有输入百分比。

后面的施工临时工程、机电、金结等就不在书中介绍了。关键是要认真研读代码,不要怕麻烦,读懂后自己试着去编,要学好 VB 或者其他语言,必须大量地读,反复地写,自然就熟练了,这是很有用的一项基本技能。

### 三、资金流量表的编制

#### (一)水总〔2014〕429 号文件对资金流量计算的规定

资金流量是为满足工程项目在建设过程中各时段的资金需求,按工程建设所需资金投入时间计算的各年度使用的资金量。资金流量表的编制以分年度投资表为依据,按建筑安装工程、永久设备购置费和独立费用三种类型分别计算。本资金流量计算办法主要用于初步设计概算。

1. 建筑及安装工程资金流量

(1)建筑工程可根据分年度投资表的项目划分,以各年度建筑工作量作为计算资金流量的依据。

(2)资金流量是在原分年度投资的基础上,考虑预付款、预付款的扣回、保留金和保留金的偿还等编制出的分年度资金安排。

(3)预付款一般可划分为工程预付款和工程材料预付款两部分。

①工程预付款按划分的单个工程项目的建安工作量的 10% ~20% 计算,工期在 3 年以内的工程全部安排在第一年,工期在 3 年以上的可安排在前两年。工程预付款的扣回从完成建安工作量的 30% 起开始,按完成建安工作量的 20% ~30% 扣回,至预付款全部回收完毕为止。

对于需要购置特殊施工机械设备或施工难度较大的项目,工程预付款可取大值,其他项目取中值或小值。

②工程材料预付款。水利工程一般规模较大,所需材料的种类及数量较多,提前备料

所需资金较大,因此考虑向施工企业支付一定数量的材料预付款。可按分年度投资中次年完成建安工作量的 20% 在本年提前支付,并于次年扣回,以此类推,直至本项目竣工。

(4)保留金。水利工程的保留金,按建安工作量的 2.5% 计算。在计算概算资金流量时,按分项工程分年度完成建安工作量的 5% 扣留至该项工程全部建安工作量的 2.5% 时(完成建安工作量的 50% 时)终止,并将所扣的保留金 100% 计入该项工程终止后一年(如该年已超出总工期,则此项保留金计入工程的最后一年)的资金流量表内。

2. 永久设备购置费资金流量

永久设备购置费资金流量计算,划分为主要设备和一般设备两种类型分别计算。

(1)主要设备的资金流量计算。主要设备为水轮发电机组、大型水泵、大型电机、主阀、主变压器、桥机、门机、高压断路器或高压组合电器、金属结构闸门启闭设备等。按设备到货周期确定各年资金流量比例,具体比例见表 12-1。

表 12-1　主要设备资金流量比例

| 到货周期 | 第 1 年 | 第 2 年 | 第 3 年 | 第 4 年 | 第 5 年 | 第 6 年 |
|---|---|---|---|---|---|---|
| 1 年 | 15% | 75%[①] | 10% | | | |
| 2 年 | 15% | 25% | 50%[①] | 10% | | |
| 3 年 | 15% | 25% | 10% | 40%[①] | 10% | |
| 4 年 | 15% | 25% | 10% | 10% | 30%[①] | 10% |

注:①数据的年份为设备到货年份。

(2)其他设备。其资金流量按到货前一年预付 15% 定金,到货年支付 85% 的剩余价款。

3. 独立费用资金流量

独立费用资金流量主要是勘测设计费的支付方式应考虑质量保证金的要求,其他项目则均按分年投资表中的资金安排计算。

(1)可行性研究和初步设计阶段的勘测设计费按合理工期分年平均计算。

(2)施工图设计阶段勘测设计费的 95% 按合理工期分年平均计算,其余 5% 的勘测设计费用作为设计保证金,计入最后一年的资金流量表内。

4. 资金流量计算表

资金流量计算表可视不同情况按项目划分列示至一级或二级项目。项目排列方法同分年度投资表。资金流量计算表应汇总征地移民、环境保护、水土保持等部分投资,并计算总投资,见表 12-2。

5. 资金流量表

可视不同情况按项目划分列示至一级项目或二级项目。项目排列方法同分年度投资表。资金流量表应汇总征地移民、环境保护、水土保持部分投资,并计算总投资。资金流量表是资金流量计算表的成果汇总,见表 12-3。

水总〔2014〕429 号文件规定的资金流量表只适合于初步设计概算,主要为筹资和分年度下达投资计划使用,工程实施阶段的资金流量与此不同,要考虑施工承包合同的支付方式等。

**表 12-2 资金流量计算表** (单位:万元)

| 序号 | 项目 | 合计 | 建设工期(年) | | | | | | |
|---|---|---|---|---|---|---|---|---|---|
| | | | 1 | 2 | 3 | 4 | 5 | 6 | …… |
| I | 工程部分投资 | | | | | | | | |
| 一 | 建筑工程 | | | | | | | | |
| (一) | ×××工程 | | | | | | | | |
| 1 | 分年度完成工作量 | | | | | | | | |
| 2 | 预付款 | | | | | | | | |
| 3 | 扣回预付款 | | | | | | | | |
| 4 | 保留金 | | | | | | | | |
| 5 | 偿还保留金 | | | | | | | | |
| (二) | ×××工程 | | | | | | | | |
| | …… | | | | | | | | |
| 二 | 安装工程 | | | | | | | | |
| | …… | | | | | | | | |
| 三 | 设备购置 | | | | | | | | |
| | …… | | | | | | | | |
| 四 | 独立费用 | | | | | | | | |
| | …… | | | | | | | | |
| 五 | 一至四项合计 | | | | | | | | |
| 1 | 分年度费用 | | | | | | | | |
| 2 | 预付款 | | | | | | | | |
| 3 | 回预付款 | | | | | | | | |
| 4 | 保留金 | | | | | | | | |
| 5 | 偿还保留金 | | | | | | | | |
| | 基本预备费 | | | | | | | | |
| | 静态投资 | | | | | | | | |
| II | 建设征地移民补偿投资 | | | | | | | | |
| | …… | | | | | | | | |
| | 静态投资 | | | | | | | | |
| III | 环境保护工程投资 | | | | | | | | |
| | …… | | | | | | | | |
| | 静态投资 | | | | | | | | |
| IV | 水土保持工程投资 | | | | | | | | |
| | …… | | | | | | | | |
| | 静态投资 | | | | | | | | |
| V | 工程投资总计(I~IV合计) | | | | | | | | |
| | 静态总投资 | | | | | | | | |
| | 价差预备费 | | | | | | | | |
| | 建设期融资利息 | | | | | | | | |
| | 总投资 | | | | | | | | |

表 12-3　**资金流量表**　　　　　　　　　　(单位:万元)

| 序号 | 项目 | 合计 | 建设工期(年) | | | | | | |
|---|---|---|---|---|---|---|---|---|---|
| | | | 1 | 2 | 3 | 4 | 5 | 6 | …… |
| Ⅰ | 工程部分投资 | | | | | | | | |
| 一 | 建筑工程 | | | | | | | | |
| (一) | 建筑工程 | | | | | | | | |
| | ×××工程(一级项目) | | | | | | | | |
| (二) | 施工临时工程 | | | | | | | | |
| | ×××工程(一级项目) | | | | | | | | |
| 二 | 安装工程 | | | | | | | | |
| (一) | 机电设备安装工程 | | | | | | | | |
| | ×××工程(一级项目) | | | | | | | | |
| (二) | 金属结构设备安装工程 | | | | | | | | |
| | ×××工程(一级项目) | | | | | | | | |
| 三 | 设备购置费 | | | | | | | | |
| | …… | | | | | | | | |
| 四 | 独立费用 | | | | | | | | |
| | …… | | | | | | | | |
| | 一至四项合计 | | | | | | | | |
| | 基本预备费 | | | | | | | | |
| | 静态投资 | | | | | | | | |
| Ⅱ | 建设征地移民补偿投资 | | | | | | | | |
| | …… | | | | | | | | |
| | 静态投资 | | | | | | | | |
| Ⅲ | 环境保护工程投资 | | | | | | | | |
| | …… | | | | | | | | |
| | 静态投资 | | | | | | | | |
| Ⅳ | 水土保持工程投资 | | | | | | | | |
| | …… | | | | | | | | |
| | 静态投资 | | | | | | | | |
| Ⅴ | 工程投资总计(Ⅰ~Ⅳ合计) | | | | | | | | |
| | 静态总投资 | | | | | | | | |
| | 价差预备费 | | | | | | | | |
| | 建设期融资利息 | | | | | | | | |
| | 总投资 | | | | | | | | |

**(二)资金流量表的设计**

根据水总〔2014〕429 号文件规定。资金流量表中的项目的排列方法与分年度投资表相同,计算表中多了预付款、保留金等项。资金流量表是资金流量计算表的汇总,我们把这两个表合二为一,把预付款、保留金等项分组,到时可以隐藏。列项与分年度投资表相同,如图12-28所示。

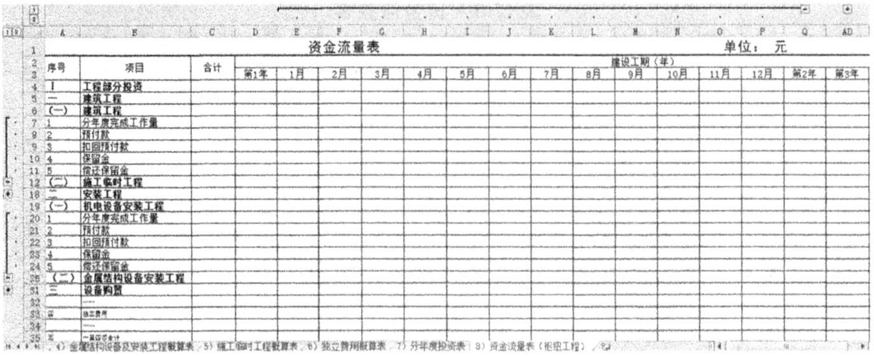

**图 12-28**

### (三)资金流量表的 VBA 编程

以下是资金流量表的代码和注释。

Sub 资金流量表( )

Sheets("8)资金流量表(枢纽工程)").Select　　　'进入"8)资金流量表(枢纽工程)" 这个工作表

For j = 4 To 42　　'从第 4 列开始一直到第 42 列是 3 个年份加上 36 个月

Cells(7, j).Formula = " ='7)分年度投资表'! R6C" & j + 3　　'"分年度完成工作量"每列的数据从分年度投资表中读过来

Cells(7, j).NumberFormatLocal = "0.00_ "　　　'取两位小数

Next j

'下面代码是写入工程预付款这一行,工程预付款按划分的单个工程项目的建安工作量的 10% ~ 20% 计算

'工期在 3 年以内的工程全部安排在第一年,工期在 3 年以上的可安排在前两年

'我们安排在第 1 年的第 1 个月,由用户输入工程预付款比例

gcyfkbl = InputBox("请输入建筑工程投资的百分比(10 ~ 20)%", "工程预付款百分比")　　'gcyfkbl 由用户输入的工程预付款百分比

jzgctz = Range("'7)分年度投资表'! F6").Value　　'jzgctz 是建筑工程投资

Range("E8").Value = jzgctz * gcyfkbl / 100

Range("E8").NumberFormatLocal = "0.00_ "　　'取两位小数

'下面代码是写入材料预付款这一行,材料预付款按分年度投资中次年完成建安工作量的 20% 在本年提前支付

'我们安排在第 1 年的第 1 个月,由用户输入材料预付款的比例

'先写第 1 年的材料预付款

clyfkbl = InputBox("请输入第 2 年完成建安工作量的百分比(10 ~ 20)%", "材料预付款百分比")

Range("E9").Value = Range("'7)分年度投资表'! T6").Value * clyfkbl / 100

Range("E9").NumberFormatLocal = "0.00_ "　　'取两位小数

'再写第 2 年的材料预付款

clyfkbl = InputBox("请输入第 3 年完成建安工作量的百分比(10 ~ 20)%", "材料预付款百分比")

Range("R9"). Value = Range("'7 分年度投资表'! AG6"). Value ∗ clyfkbl / 100

Range("R9"). NumberFormatLocal = "0.00_    '取两位小数

'下面代码是写入扣回工程预付款这一行

'工程预付款的扣回从完成建安工作量的 30% 起开始,按完成建安工作量的 20% ~ 30% 扣回至预付款全部回收完毕为止。

khbl = InputBox("请输入工程预付款扣回比例(10 ~ 20)%", "工程预付款扣回百分比")    'khbl 由用户输入的工程预付款扣回百分比

wctz = 0

ykh = 0

For a = 4 To 30 Step 13

For k = 1 To 12

wctz = wctz + Cells(7, k + a). Value      'wctz 是逐月完成的投资累加

wcbfb = wctz / jzgctz    'wcbfb 是到某个月已完成投资占建筑工程投资的百分比

If wcbfb > = 0.3 Then      '工程预付款的扣回从完成建安工作量的 30% 起开始

khyfk = Cells(7, k + a). Value ∗ khbl / 100 'khyfk 是某月应扣回的预付款

ykh = ykh + khyfk       'ykh 是已经扣回的预付款的累加

If ykh < = Range("E8"). Value Then      '已经扣回的预付款与工程预付款总额比较

Cells(10, k + a). Value = khyfk

Cells(10, k + a). NumberFormatLocal = "0.00_ "     '取两位小数

syyfk = Range("E8"). Value − ykh      'syyfk 是剩余没有扣的预付款

Else

Cells(10, k + a). Value = syyfk

Cells(10, k + a). NumberFormatLocal = "0.00_ "      '取两位小数

GoTo 10      '预付款已经扣完,不再写扣回预付款

End If

End If

Next k

Next a

10

'下面是扣回材料预付款,材料预付款按分年度投资中次年完成建安工作量的 20% 在本年提前支付,并于次年扣回,以此类推,直至本项目竣工

cn2 = Range("R10"). Value       'cn2 是第 2 年第 1 月的工程预付款,先取出来

Range("R10"). Value = cn2 + Range("E9"). Value       '第 2 年扣回的预付款是 cn1 加上本年的材料预付款

Range("R10"). NumberFormatLocal = "0.00_ "       '取两位小数

cn3 ＝ Range("AE10"). Value　　　'cn3 是第 3 年第 1 月的工程预付款,先取出来

Range("AE10"). Value ＝ cn3 ＋ Range("R9"). Value　　　'第 3 年扣回的预付款是 cn3 加上本年的材料预付款

Range("AE10"). NumberFormatLocal ＝ "0.00_ "　　　'取两位小数

'下面代码是写入保留金这一行,按分项工程分年度完成建安工作量的 5% 扣留至该项工程全部建安工作量的 2.5% 时终止

ykblj ＝ 0　　　'ykblj 是已扣保留金的意思

For a ＝ 4 To 30 Step 13

For k ＝ 1 To 12

ykblj ＝ ykblj ＋ Cells(7, k ＋ a). Value ＊ 0.05　　　'逐月累加已扣保留金

If ykblj ＜ ＝ jzgctz ＊ 0.025 Then　　　'判断已扣保留金是否已超过应扣数额

Cells(11, k ＋ a). Value ＝ Cells(7, k ＋ a). Value ＊ 0.05　　　'如果没超过就写入单元格

syblj ＝ jzgctz ＊ 0.025 － ykblj　　　'把剩余保留金记下来

Else

Cells(11, k ＋ a). Value ＝ syblj　　　'如果已超过把剩余要扣的保留金写入最后一个单元格

GoTo 20

End If

Next k

Next a

20

'下面代码是偿还保留金,列在最后一年最后一月

Range("AP12"). Value ＝ jzgctz ＊ 0.025

'下面代码是汇总每一年度的数据

Range("D8"). Formula ＝ "＝sum(E8:P8)"

Range("Q8"). Formula ＝ "＝sum(R8:AC8)"

Range("AD8"). Formula ＝ "＝sum(AE8:AP8)"

Range("D9"). Formula ＝ "＝sum(E9:P9)"

Range("Q9"). Formula ＝ "＝sum(R9:AC9)"

Range("AD9"). Formula ＝ "＝sum(AE9:AP9)"

Range("D10"). Formula ＝ "＝sum(E10:P10)"

Range("Q10"). Formula ＝ "＝sum(R10:AC10)"

Range("AD10"). Formula ＝ "＝sum(AE10:AP10)"

Range("D11"). Formula ＝ "＝sum(E11:P11)"

Range("Q11"). Formula ＝ "＝sum(R11:AC11)"

Range("AD11"). Formula ＝ "＝sum(AE11:AP11)"

Range("D12"). Formula ＝ "＝sum(E12:P12)"

Range("Q12"). Formula = "＝sum(R12：AC12)"

Range("AD12"). Formula = "＝sum(AE12：AP12)"

'下面代码是把所有的数据汇总到建筑工程这一行

For j = 4 To 42    '从第 4 列开始一直到第 42 列是 3 个年份加上 36 个月

Cells(6, j). Value = Cells(7, j). Value + Cells(8, j). Value + Cells(9, j). Value –

Cells(10, j). Value – Cells(11, j). Value + Cells(12, j). Value

Cells(6, j). NumberFormatLocal = "0.00_ "    '取两位小数

Next j

'下面代码汇总"合计"一列

For i = 6 To 12

Cells(i, 3). Value = Cells(i, 4). Value + Cells(i, 17). Value + Cells(i, 30). Value

Next i

End Sub

以上代码只是"建筑工程部分"，"施工临时工程""安装工程"等可参照编制。

# 第五节 用 VBA（宏）编程生成工程部分概算附表

概算附表包括建筑工程单价汇总表、安装工程单价汇总表、主要材料预算价格汇总表、次要材料预算价格汇总表、施工机械台时费汇总表、主要工程量汇总表、主要材料量汇总表、工时数量汇总表八个表格。

## 一、建筑工程单价汇总表的编制

### （一）建筑工程单价汇总表的格式

根据水总〔2014〕429 号文件的规定，建筑工程单价汇总表的表头格式如表 12-4 所示。

表 12-4　建筑工程单价汇总表

| 单价编号 | 名称 | 单位 | 单价（元） | 其中 | | | | | | | |
|---|---|---|---|---|---|---|---|---|---|---|---|
| | | | | 人工费 | 材料费 | 机械使用费 | 其他直接费 | 间接费 | 利润 | 材料补差 | 税金 |
| | | | | | | | | | | | |

### （二）用 VBA（宏）编程的步骤

（1）打开"D：\概预算 Excel 软件\概预算成果. xlsm"和"D：\概预算 Excel 软件\水利工程概算软件表格. xlsx"文件。

（2）选择"操作界面"工作表，右键选中"1）建筑工程单价汇总表"行的　生成　按钮，选择弹出的菜单"指定宏"→"新建"，进入代码编辑器。

（3）复制表头。

'生成建筑工程单价汇总表

'先复制表头

```
Windows("水利工程概算软件表格. xlsx"). Activate
Sheets("建筑工程单价汇总表"). Select
Rows("1:6"). Select
Selection. Copy
        Windows("概预算成果. xlsm"). Activate
        Sheets("1)建筑工程单价汇总表"). Select
Range("A1"). Activate
        ActiveSheet. Paste
```

(4)再算出本工程的建筑工程共用到多少个定额编号(单价)

```
'再算出本工程共用到多少个定额编号赋给变量 DEBHSL
Windows("概预算成果. xlsm"). Activate
Sheets("2)建筑工程概算表"). Select
Range("E3"). Formula = " = COUNT(F:F)"
DEBHSL = Range("E3"). Value
Range("E3"). Clear
```

(5)找定额编号。

```
'把所有用到的定额编号找出来赋给数组变量 DEBH(I)
Dim DEBH(500)        '定义数组变量
Dim DE(300)        'DE(I)存放所有不重复的定额编号
hs = ActiveCell. CurrentRegion. Rows. Count        '建筑工程概算表的行数
j = 0
For i = 1 To hs
If Range("F" & i). Value < > 0 And IsNumeric(Range("F" & i). Value) Then        'Is-
Numeric(Range("F" & I). Value)判断是否为数字
    j = j + 1
    DEBH(j) = Range("F" & i). Value        'DEBH(j)存放每一个定额编号        'F 列是
定额编号列
    End If
Next i
```

(6)去掉重复的定额编号。

```
'把这些定额编号中重复的编号去掉
n = 1
DE(1) = DEBH(1)
For i = 1 To DEBHSL
For j = 1 To n
If DEBH(i) = DE(j) Then
GoTo 5        '对每一个新的编号都跟已存的编号比一下,如果跟其中的一个重复就
转到 5 换下一个新编号
```

End If

Next j

n = n + 1      '如果没有重复的就把已存的增加一个编号

DE(n) = DEBH(i)

5

Next i

(7)把找出的定额编号写入数据表。

在"概预算成果.xlsm"中再添加一个工作表"数据表",存放一些数据,这些数据后面的表格都要用到,如图 12-29 所示。

| | A | B | C | D | E | F |
|---|---|---|---|---|---|---|
| 1 | 定额编号 | 所有材料 | 不重复的材料 | | 去掉混凝土和砂浆的材料 | 主要材料 | 次要材料 |

图 12-29

'把本工程用到的所有定额编号写入到数据表的 A 列

Sheets("数据表").Select

Range("A2:A100").Clear      '先把 A 列内容清除

Range("A2").Value = n      '在 A2 单元格把定额编号的数量写上

For i = 1 To n

Range("A" & i + 2).Value = DE(i)

Next i

(8)开始复制

'再复制本工程每一个定额编号对应的工程单价这一行

'先找到某一定额编号在"水利工程概算软件表格.xlsx"中"建筑工程单价汇总表"的哪一行

For i = 1 To n

Windows("水利工程概算软件表格.xlsx").Activate

Sheets("建筑工程单价汇总表").Select

Range("A2").Formula = "=match(" & DE(i) & ",B:B,0)"      '找出指定的定额编号所在的行号

hh = Range("A2").Value

Range("A2").Clear

'再复制这一行

Rows(hh & ":" & hh).Select

Selection.Copy

    Windows("概预算成果.xlsm").Activate

    Sheets("1)建筑工程单价汇总表").Select

    Range("A" & i + 6).Activate      '上边是表头,从第 7 行开始粘贴

    ActiveSheet.Paste

    Range("A" & i + 6).Value = i      '写上序号

Next i

## 二、主要材料和次要材料预算价格汇总表的编制

### (一)主要材料和次要材料预算价格汇总表的格式

主要材料预算价格汇总表的格式如表 12-5 所示。

表 12-5　主要材料预算价格汇总表

| 序号 | 名称及规格 | 单位 | 预算价格(元) | 其中 | | | |
|---|---|---|---|---|---|---|---|
| | | | | 原价 | 运杂费 | 运输保险费 | 采购及保管费 |
| | | | | | | | |

次要材料预算价格汇总表的格式如表 12-6 所示。

表 12-6　次要材料预算价格汇总表

| 序号 | 名称及规格 | 单位 | 原价(元) | 运杂费(元) | 合计(元) |
|---|---|---|---|---|---|
| | | | | | |

要找出主要材料和次要材料的预算价格,首先需要找出在这项工程中用到了哪些材料,然后由用户区分出主要材料和次要材料。

工程中用到的所有材料都是在定额中体现的,这些材料的名称、数量都在工程单价表中。所以,需要先把这项工程用到的所有工程单价找出来,也就是先要完成概算附件中的"建筑工程单价表"。

### (二)VBA 编程找出建筑工程单价表

用 VBA 编程找出这项工程用到的所有建筑工程单价表的代码如下:

```
Sub 建筑工程单价表()
'先找出这个工程用到的所有定额编号
Windows("概预算成果.xlsm").Activate
Sheets("2)建筑工程概算表").Select
Range("E3").Formula = "=COUNT(F:F)"
DEBHSL = Range("E3").Value
Range("E3").Clear
'把所有用到的定额编号找出来赋给数组变量 DEBH(I)
Dim DEBH(500)      '定义数组变量
Dim DE(300)        'DE(I)存放所有不重复的定额编号
hs = ActiveCell.CurrentRegion.Rows.Count      '建筑工程概算表的行数
j = 0
For i = 1 To hs
If Range("F" & i).Value <> 0 And IsNumeric(Range("F" & i).Value) Then
'IsNumeric(Range("F" & I).Value)判断是否为数字
j = j + 1
```

```
    DEBH(j) = Range("F" & i).Value      'DEBH(j)存放每一个定额编号      'F 列是
定额编号列
    End If
    Next i
    '把这些定额编号中重复的编号去掉
    n = 1
    DE(1) = DEBH(1)
    For i = 1 To DEBHSL
    For j = 1 To n
    If DEBH(i) = DE(j) Then
    GoTo 5      '对每一个新的编号都跟已存的编号比一下,如果跟其中的一个重复,就
转到 5 换下一个新编号
    End If
    Next j
    n = n + 1      '如果没有重复的,就把已存的增加一个编号
    DE(n) = DEBH(i)
    5
    Next i
    '通过以上代码,知道了这项工程共有 n 个定额编号,都在数组 DE(i)中
    '生成建筑工程单价表
    '先找到某一定额编号在"水利工程概算软件表格. xlsx"的"建筑工程单价分析表"中是
哪一行,赋给变量表格行号 bghh
    ztwz = 1      '表格粘贴的位置
    For i = 1 To n
    Windows("水利工程概算软件表格. xlsx").Activate
    Sheets("建筑工程单价分析表").Select
    Range("J1").Formula = " = match(" & DE(i) & ",C:C,0)"      '找到定额编号所在
的行号
    bghh = Range("J1").Value
    Range("J1").Clear
    '再找到这个表格共多少行
    bghs = Range("G" & bghh - 1).Value
    '再复制这个表格
    Range("A" & bghh - 2 & ":I" & bghh + bghs).Select
    Selection.Copy
    '再到概预算成果. xlsm 中粘贴到 ztwz(粘贴位置)
        Windows("表格汇总. xlsm").Activate
        Sheets("(11)建筑工程单价表").Select
```

Range("A" & ztwz). Activate

ActiveSheet. Paste

ztwz = ztwz + bghs + 3 + 1

Next i

End Sub

**（三）用 VBA（宏）编程生成主要材料和次要材料预算价格表**

在编制主要材料和次要材料预算价格表时，需要用户区分主要材料和次要材料，所以要添加一个用户窗体，以方便用户选择。

（1）添加用户窗体。

在 VBA 编辑器中选择"插入"→"用户窗体"，如图 12-30 所示。

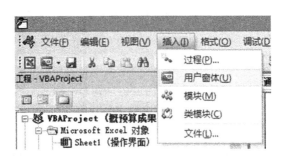

**图 12-30**

（2）弹出窗体后添加如图 12-31 所示的控件，并设计窗体布局。

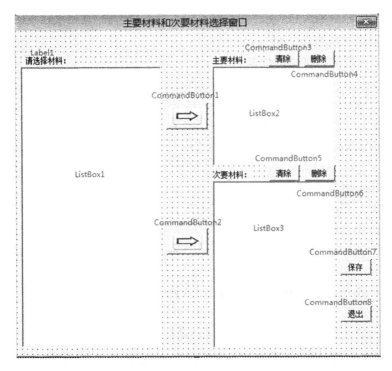

**图 12-31**

窗体中几个"CommandButton"按钮的代码如下：

```
Private Sub CommandButton1_Click( )
For i = 0 To Me. ListBox1. ListCount − 1
If Me. ListBox1. Selected( i ) Then
Me. ListBox2. AddItem Me. ListBox1. List( i )
End If
If Not Me. ListBox1. Selected( i ) Then
Me. ListBox3. AddItem Me. ListBox1. List( i )
End If
Next i
End Sub
Private Sub CommandButton2_Click( )
For i = 0 To Me. ListBox1. ListCount − 1
If Me. ListBox1. Selected( i ) Then
Me. ListBox3. AddItem Me. ListBox1. List( i )
End If
Next i
End Sub
Private Sub CommandButton3_Click( )
Me. ListBox2. Clear
End Sub
Private Sub CommandButton4_Click( )
For i = 0 To Me. ListBox2. ListCount − 1
If Me. ListBox2. Selected( i ) Then
GoTo 10
End If
Next i
MsgBox "没选中!"
Exit Sub
10
Me. ListBox2. RemoveItem Me. ListBox2. ListIndex
End Sub
Private Sub CommandButton5_Click( )
Me. ListBox3. Clear
End Sub
Private Sub CommandButton6_Click( )
For i = 0 To Me. ListBox3. ListCount − 1
```

```
If Me. ListBox3. Selected(i) Then
GoTo 10
End If
Next i
MsgBox "没选中!"
Exit Sub
10
Me. ListBox3. RemoveItem Me. ListBox3. ListIndex
End Sub
Private Sub CommandButton7_Click()
Windows("概预算成果. xlsm"). Activate
Sheets("数据表"). Select
Range("E2:E200"). Clear
Range("E2"). Value = Me. ListBox2. ListCount
For i = 0 To Me. ListBox2. ListCount - 1
Range("E" & i + 3). Value = Me. ListBox2. List(i)
Next i
Range("F2:F200"). Clear
Range("F2"). Value = Me. ListBox3. ListCount
For i = 0 To Me. ListBox3. ListCount - 1
Range("F" & i + 3). Value = Me. ListBox3. List(i)
Next i
End Sub
Private Sub CommandButton8_Click()
Me. ListBox1. Clear
Me. ListBox2. Clear
Me. ListBox3. Clear
Me. Hide
End Sub
```

主要材料预算价格表的代码如下：

```
Sub 主要材料汇总表()
' 先到"数据表"中把定额的数量和所有定额编号读出来
Sheets("数据表"). Select
n = Range("A2"). Value
Dim DE(300)
For i = 1 To n
DE(i) = Range("A" & i + 2). Value
Next i
```

'所有材料都在建筑工程单价表中

'生成建筑工程单价表

'先找到某一定额编号在"水利工程概算软件表格. xlsx"的"建筑工程单价分析表"中是哪一行,赋给变量表格行号 bghh

```vba
ztwz = 1        '表格粘贴的位置
For i = 1 To n
Windows("水利工程概算软件表格. xlsx"). Activate
Sheets("建筑工程单价分析表"). Select
Range("J1"). Formula = "=match(" & DE(i) & ",C:C,0)"        '找到定额编号所在
的行号
bghh = Range("J1"). Value
Range("J1"). Clear
'再找到这个表格共多少行
bghs = Range("G" & bghh - 1). Value
'再复制这个表格
Range("A" & bghh - 2 & ":I" & bghh + bghs). Select
Selection. Copy
'再到概预算成果. xlsm 中粘贴到 ztwz(粘贴位置)
    Windows("概预算成果. xlsm"). Activate
        Sheets("(11)建筑工程单价表"). Select
Range("A" & ztwz). Activate
    ActiveSheet. Paste
ztwz = ztwz + bghs + 3 + 1
Next i
'下面代码是在所有的工程单价中找出所有的材料
Sheets("(11)建筑工程单价表"). Select
Dim clmc(300)        'clmc(300)存放所有材料的名称
i = 0
For Each dyg In Range("B:B"). Cells        '在"(11)建筑工程单价表"中遍历 B 列所
有的单元格
'B 列存放着所有的材料编号和机械定额编号,材料编号是文本,机械定额编号是
数字
If Not IsNumeric(dyg. Value) Then        '如果不是数字肯定就是材料编号
i = i + 1
clhh = dyg. Row        'clhh 是材料所在的行号
clmc(i) = Range("C" & clhh). Value        'C 列存放着材料的名称
End If
Next dyg
```

```
'把所有材料数量和材料名称存到"数据表"的 B 列
n = i      '把所有材料的数量赋给变量 n
Sheets("数据表").Select
Range("B2:B300").Clear      '先把 B 列内容清除
Range("B2").Value = n
For i = 1 To n
Range("B" & i + 2).Value = clmc(i)
Next i
'去掉重复的材料名称
Dim bcfclmc(200)      'bcfclmc(200)存放不重复的材料名称
m = 1
bcfclmc(1) = clmc(1)
For i = 1 To n
For j = 1 To m
If bcfclmc(j) = clmc(i) Then
GoTo 5      '对每一个新的材料名称都跟已存的材料名称比一下,如果跟其中的一个
重复就转到 5 换下一个材料名称
End If
Next j
m = m + 1      '如果没有重复的就把已存的增加一个编号
bcfclmc(m) = clmc(i)
5
Next i
'把所有不重复的材料数量和名称存到"数据表"C 列
Range("C2:C200").Clear      '先把 C 列内容清除
Range("C2").Value = m
For i = 1 To m
Range("C" & i + 2).Value = bcfclmc(i)
Next i
'把混凝土材料换成水泥砂石料
Windows("水利工程概算软件表格.xlsx").Activate
Sheets("混凝土单价汇总表").Select
Dim zzclmc(200) '最终材料名称
k = 1
khnt = 1      '混凝土材料计数
For i = 1 To m
zzclmc(k) = bcfclmc(i)
Select Case Mid(bcfclmc(i), 4, 4)      '从第 4 个字符开始取 4 个字符
```

Case "纯混凝土"

　　zzclmc(k) = Mid(bcfclmc(i), 8, 6)　　'取出 32.5 或 42.5 水泥

　　zzclmc(k + 1) = Left(Range("G3").Value, Len(Range("G3").Value) - 4)
'读取砂

　　zzclmc(k + 2) = Left(Range("I3").Value, 2)　　'读取卵石或碎石

khnt = khnt + 1

'趁这个机会把这个混凝土组成材料的预算量找出来存到"数据表"中

'预算量在"水利工程概算软件表格. xlsx"的"混凝土单价汇总表"中,眼下就在这个
表中

'"纯混凝土"表格在 4 ~ 48 行,混凝土的全名在 N 列

For Each dyg In Range("N4:N48").Cells

If dyg. Value = bcfclmc(i) Then

hnthh = dyg. Row　　　'hnthh 是混凝土行号的意思

'下面读出各材料的预算量

shuini = Range("E" & hnthh). Value　　'读水泥

shazi = Range("G" & hnthh). Value　　'读砂子

shizi = Range("I" & hnthh). Value　　'读石子

GoTo 20

End If

Next dyg

MsgBox "没找到" & bcfclmc(i)

Exit Sub

20

'下面把读出的材料的预算量写入"数据表"

Windows("概预算成果. xlsm"). Activate

Sheets("数据表"). Select

'先在数据表的 I 列写上混凝土的名称

Range("I" & khnt). Value = bcfclmc(i)

For Each cel In Range("J2", "T10"). Cells

cel. ClearContents　　　'清除单元格的内容

cel. NumberFormatLocal = "0.00_"　　　'取两位小数

Next cel

Range("J" & khnt). ClearContents

'写水泥

　　Select Case zzclmc(k)

　　Case "32.5 水泥"

Range("J" & khnt). Value = shuini

　　Case "42.5 水泥"

```
Range("K" & khnt). Value = shuini
    End Select
'写砂子
    Select Case zzclmc(k + 1)
    Case "粗砂"
Range("L" & khnt). Value = shazi
    Case "中砂"
Range("M" & khnt). Value = shazi
    Case "细砂"
Range("N" & khnt). Value = shazi
    Case "特细砂"
Range("O" & khnt). Value = shazi
    End Select
'写石子
    Select Case zzclmc(k + 2)
    Case "卵石"
Range("P" & khnt). Value = shizi
    Case "碎石"
Range("Q" & khnt). Value = shizi
    End Select
Windows("水利工程概算软件表格. xlsx"). Activate
Sheets("混凝土单价汇总表"). Select
    k = k + 2
Case "掺外加剂"
    zzclmc(k) = Mid(bcfclmc(i), 11, 6)        '取出 32.5 或 42.5 水泥
    zzclmc(k + 1) = Left(Range("G52"). Value, Len(Range("G52"). Value) - 4)
'读取砂
    zzclmc(k + 2) = Left(Range("I52"). Value, 2)    '读取卵石或碎石
    zzclmc(k + 3) = Left(Range("J52"). Value, 3)    '读取外加剂
'"掺外加剂混凝土"表格在 53 ~ 97 行,混凝土的全名在 O 列
For Each dyg In Range("O53:O97"). Cells
If dyg. Value = bcfclmc(i) Then
hnthh = dyg. Row      'hnthh 是混凝土行号的意思
'下面读出各材料的预算量
shuini = Range("E" & hnthh). Value        '读水泥
shazi = Range("G" & hnthh). Value        '读砂子
shizi = Range("I" & hnthh). Value        '读石子
waijiaji = Range("J" & hnthh). Value        '读外加剂
```

```
GoTo 30
End If
Next dyg
MsgBox "没找到" & bcfclmc(i)
Exit Sub
30
'下面把读出的材料的预算量写入"数据表"
Windows("概预算成果. xlsm"). Activate
Sheets("数据表"). Select
'先在数据表的 I 列写上混凝土的名称
Range("I" & khnt). Value = bcfclmc(i)
'写水泥
    Select Case zzclmc(k)
    Case "32.5 水泥"
Range("J" & khnt). Value = shuini
    Case "42.5 水泥"
Range("K" & khnt). Value = shuini
    End Select
'写砂子
    Select Case zzclmc(k + 1)
    Case "粗砂"
Range("L" & khnt). Value = shazi
    Case "中砂"
Range("M" & khnt). Value = shazi
    Case "细砂"
Range("N" & khnt). Value = shazi
    Case "特细砂"
Range("O" & khnt). Value = shazi
    End Select
'写石子
    Select Case zzclmc(k + 2)
    Case "卵石"
Range("P" & khnt). Value = shizi
    Case "碎石"
Range("Q" & khnt). Value = shizi
    End Select
'写外加剂
Range("R" & khnt). Value = waijiaji
```

```
Windows("水利工程概算软件表格.xlsx").Activate
Sheets("混凝土单价汇总表").Select
    k = k + 3
Case "掺粉煤灰"
    Select Case Mid(bcfclmc(i), 8, 3)
        Case "20%"
            zzclmc(k) = Mid(bcfclmc(i), 14, 6)        '取出 32.5 或 42.5 水泥
            zzclmc(k + 1) = Left(Range("H102").Value, Len(Range("H102").Val-
ue) - 4)        '读取砂
            zzclmc(k + 2) = Left(Range("J102").Value, 2)        '读取卵石或碎石
            zzclmc(k + 3) = Left(Range("K102").Value, 3)        '读取外加剂
            zzclmc(k + 4) = Left(Range("F102").Value, 3)        '读取粉煤灰
    '"掺粉煤灰 20% 混凝土"表格在 103 ～ 110 行,混凝土的全名在 P 列
For Each dyg In Range("P103:P110").Cells
If dyg.Value = bcfclmc(i) Then
hnthh = dyg.Row        'hnthh 是混凝土行号的意思
'下面读出各材料的预算量
shuini = Range("E" & hnthh).Value        '读水泥
fmh = Range("F" & hnthh).Value        '读粉煤灰
shazi = Range("H" & hnthh).Value        '读砂子
shizi = Range("J" & hnthh).Value        '读石子
waijiaji = Range("K" & hnthh).Value        '读外加剂
GoTo 40
End If
Next dyg
MsgBox "没找到" & bcfclmc(i)
Exit Sub
40
'下面把读出的材料的预算量写入"数据表"
Windows("概预算成果.xlsm").Activate
Sheets("数据表").Select
'先在数据表的 I 列写上混凝土的名称
Range("I" & khnt).Value = bcfclmc(i)
'写水泥
    Select Case zzclmc(k)
        Case "32.5 水泥"
Range("J" & khnt).Value = shuini
        Case "42.5 水泥"
```

```
Range("K" & khnt). Value = shuini
    End Select
'写砂子
    Select Case zzclmc( k + 1)
        Case "粗砂"
Range("L" & khnt). Value = shazi
        Case "中砂"
Range("M" & khnt). Value = shazi
        Case "细砂"
Range("N" & khnt). Value = shazi
        Case "特细砂"
Range("O" & khnt). Value = shazi
    End Select
'写石子
    Select Case zzclmc( k + 2)
        Case "卵石"
Range("P" & khnt). Value = shizi
        Case "碎石"
Range("Q" & khnt). Value = shizi
    End Select
'写外加剂
Range("R" & khnt). Value = waijiaji
'写粉煤灰
Range("S" & khnt). Value = fmh
Windows("水利工程概算软件表格. xlsx"). Activate
Sheets("混凝土单价汇总表"). Select
k = k + 4
        Case "25%"
zzclmc( k) = Mid( bcfclmc( i), 14, 6)
zzclmc( k + 1) = Left( Range("H115"). Value, Len( Range("H115"). Value) - 4)
zzclmc( k + 2) = Left( Range("J115"). Value, 2)
zzclmc( k + 3) = Left( Range("K115"). Value, 3)
zzclmc( k + 4) = Left( Range("F115"). Value, 3)
'"掺粉煤灰25%混凝土"表格在 116~123 行,混凝土的全名在 P 列
For Each dyg In Range("P116:P123"). Cells
If dyg. Value = bcfclmc( i) Then
hnthh = dyg. Row        'hnthh 是混凝土行号的意思
'下面读出各材料的预算量
```

```
shuini = Range("E" & hnthh).Value        '读水泥
fmh = Range("F" & hnthh).Value           '读粉煤灰
shazi = Range("H" & hnthh).Value         '读砂子
shizi = Range("J" & hnthh).Value         '读石子
waijiaji = Range("K" & hnthh).Value      '读外加剂
GoTo 50
End If
Next dyg
MsgBox "没找到" & bcfclmc(i)
Exit Sub
50
'下面把读出的材料的预算量写入"数据表"
Windows("概预算成果.xlsm").Activate
Sheets("数据表").Select
'先在数据表的 I 列写上混凝土的名称
Range("I" & khnt).Value = bcfclmc(i)
'写水泥
    Select Case zzclmc(k)
        Case "32.5 水泥"
Range("J" & khnt).Value = shuini
        Case "42.5 水泥"
Range("K" & khnt).Value = shuini
    End Select
'写砂子
    Select Case zzclmc(k + 1)
        Case "粗砂"
Range("L" & khnt).Value = shazi
        Case "中砂"
Range("M" & khnt).Value = shazi
        Case "细砂"
Range("N" & khnt).Value = shazi
        Case "特细砂"
Range("O" & khnt).Value = shazi
    End Select
'写石子
    Select Case zzclmc(k + 2)
        Case "卵石"
Range("P" & khnt).Value = shizi
```

```
        Case "碎石"
Range("Q" & khnt). Value = shizi
    End Select
'写外加剂
Range("R" & khnt). Value = waijiaji
'写粉煤灰
Range("S" & khnt). Value = fmh
Windows("水利工程概算软件表格. xlsx"). Activate
Sheets("混凝土单价汇总表"). Select
k = k + 4
        Case "30%"
zzclmc(k) = Mid(bcfclmc(i), 14, 6)
zzclmc(k + 1) = Left(Range("H128"). Value, Len(Range("H128"). Value) - 4)
zzclmc(k + 2) = Left(Range("J128"). Value, 2)
zzclmc(k + 3) = Left(Range("K128"). Value, 3)
zzclmc(k + 4) = Left(Range("F128"). Value, 3)
'"掺粉煤灰30%混凝土"表格在129~136行,混凝土的全名在P列
For Each dyg In Range("P129:P136"). Cells
If dyg. Value = bcfclmc(i) Then
hnthh = dyg. Row        'hnthh 是混凝土行号的意思
'下面读出各材料的预算量
shuini = Range("E" & hnthh). Value        '读水泥
fmh = Range("F" & hnthh). Value        '读粉煤灰
shazi = Range("H" & hnthh). Value        '读砂子
shizi = Range("J" & hnthh). Value        '读石子
waijiaji = Range("K" & hnthh). Value        '读外加剂
GoTo 60
End If
Next dyg
MsgBox "没找到" & bcfclmc(i)
Exit Sub
60
'下面把读出的材料的预算量写入"数据表"
Windows("概预算成果. xlsm"). Activate
Sheets("数据表"). Select
'先在数据表的I列写上混凝土的名称
Range("I" & khnt). Value = bcfclmc(i)
'写水泥
```

```
        Select Case zzclmc(k)
            Case "32.5 水泥"
Range("J" & khnt). Value = shuini
            Case "42.5 水泥"
Range("K" & khnt). Value = shuini
        End Select
'写砂子
        Select Case zzclmc(k + 1)
            Case "粗砂"
Range("L" & khnt). Value = shazi
            Case "中砂"
Range("M" & khnt). Value = shazi
            Case "细砂"
Range("N" & khnt). Value = shazi
            Case "特细砂"
Range("O" & khnt). Value = shazi
        End Select
'写石子
        Select Case zzclmc(k + 2)
            Case "卵石"
Range("P" & khnt). Value = shizi
            Case "碎石"
Range("Q" & khnt). Value = shizi
        End Select
'写外加剂
Range("R" & khnt). Value = waijiaji
'写粉煤灰
Range("S" & khnt). Value = fmh
Windows("水利工程概算软件表格. xlsx"). Activate
Sheets("混凝土单价汇总表"). Select
k = k + 4
        End Select
End Select
k = k + 1
Windows("水利工程概算软件表格. xlsx"). Activate
Sheets("混凝土单价汇总表"). Select
Next i
'把砂浆换成水泥和砂
```

```
n = k – 1
Dim zhclmc(200)      '最后材料名称
k = 1
For i = 1 To n
zhclmc(k) = zzclmc(i)
If Right(zzclmc(i), 2) = "砂浆" Then
    zhclmc(k) = "32.5 水泥"
    zhclmc(k + 1) = "砂子"
    k = k + 1
'找出砂浆中水泥和砂子的预算量
Windows("水利工程概算软件表格.xlsx"). Activate
Sheets("砂浆单价汇总表"). Select
'砂浆的名称在 A 列 4～12 行
For Each dyg In Range("A4:A12"). Cells
If dyg. Value = zzclmc(i) Then
sjhh = dyg. Row         '读取砂浆行号
sjsn = Range("C" & sjhh). Value       '读取砂浆中水泥的预算量
sjsz = Range("D" & sjhh). Value       '读取砂浆中砂子的预算量
GoTo 70
End If
Next dyg
MsgBox "没找到" & zzclmc(i)
Exit Sub
70
'下面把砂浆的预算量写入到"数据表"
Windows("概预算成果.xlsm"). Activate
Sheets("数据表"). Select
'先在数据表的 I 列写上砂浆的名称
Range("I" & khnt + 1). Value = zzclmc(i)
'写水泥
    Range("J" & khnt + 1). Value = sjsn       '写到 32.5 水泥列
'写砂子
    Range("T" & khnt + 1). Value = shazi       '写到"砂子"列
End If
k = k + 1
Next i
'把重复的水泥砂石料去掉
Dim zzbcfclmc(200)        'zzbcfclmc(200)存放最终不重复的材料名称
```

```
    m = 1
    zzbcfclmc(1) = zhclmc(1)
    For i = 1 To k - 1
    For j = 1 To m
    If zzbcfclmc(j) = zhclmc(i) Then
    GoTo 15        '对每一个新的材料名称都跟已存的材料名称比一下,如果跟其中的一
个重复就转到 15 换下一个材料名称
    End If
    Next j
    m = m + 1        '如果没有重复的就把已存的增加一个编号
    zzbcfclmc(m) = zhclmc(i)
15
    Next i
    '把最终不重复的材料表,列在"数据表"D 列
    Windows("概预算成果.xlsm").Activate
    Sheets("数据表").Select
    Range("D2:D200").Clear        '先把 D 列内容清除
    Range("D2").Value = m
    For i = 1 To m
    Range("D" & i + 2).Value = zzbcfclmc(i)
    Next i
    UserForm1.ListBox1.ListStyle = fmListStyleOption
    UserForm1.ListBox1.MultiSelect = fmMultiSelectMulti
    For i = 1 To m
    UserForm1.ListBox1.AddItem zzbcfclmc(i)
    Next i
    UserForm1.Show
    '下面编制"主要材料预算价格汇总表"
    '先在"数据表中"读出主要材料名称
    Windows("概预算成果.xlsm").Activate
    Sheets("数据表").Select
    Dim zyclmc(200)
    n = Range("E2").Value        '读取主要材料的数量
    For i = 1 To n
    zyclmc(i) = Range("E" & i + 2).Value        '读取主要材料的名称
    Next i
    '再到主要材料预算价格表中加上序号
    Windows("概预算成果.xlsm").Activate
```

```
Sheets("3)主要材料预算价格汇总表").Select
Range("5:200").Delete        '把原来可能存在的表格删除
Range("4:4").ClearContents        '清空第4行的内容,保留边框
Range("4:4").Copy        '第4行是个空行,把这行复制下来,因为这一行带着边框
For i = 1 To n
Windows("概预算成果.xlsm").Activate
Sheets("3)主要材料预算价格汇总表").Select
Range("A" & i + 3).Activate        '在填表之前先把复制的空行粘贴过来
ActiveSheet.Paste
Range("A" & i + 3).Value = i        '写序号
Range("B" & i + 3).Value = zyclmc(i)        '写材料名称
'下面要到"材料预算价格表"中找到这个材料名称所在的行号
Windows("水利工程概算软件表格.xlsx").Activate
Sheets("材料预算价格表").Select
For Each dyg In Range("B5:B500").Cells        'B行是材料名称
If dyg.Value = zyclmc(i) Then
hh = dyg.Row        'hh是行号的意思
GoTo 25        '如果找到这个材料就跳出来
End If
Next dyg
MsgBox "没有"" & zyclmc(i) & ""的预算价,需要添加!"        '把所有的材料都比较
了一遍没有同名的
Exit Sub        '退出子程序
25
'材料找到了,并且记下了在"材料预算价格表"中哪一行
dw = Range("C" & hh).Value        '材料的单位
yj = Range("D" & hh).Value        '材料的原价
yzf = Range("S" & hh).Value        '材料的运杂费
ysbxf = Range("W" & hh).Value        '材料的运输保险费
cbf = Range("U" & hh).Value        '材料的采保费
ysj = Range("X" & hh).Value        '材料的预算价
'下边的代码不用解释了
Windows("概预算成果.xlsm").Activate
Sheets("3)主要材料预算价格汇总表").Select
Range("C" & i + 3).Value = dw
Range("D" & i + 3).Value = ysj
Range("E" & i + 3).Value = yj
Range("F" & i + 3).Value = yzf
```

```
Range("G" & i + 3).Value = ysbxf
Range("H" & i + 3).Value = cbf
Next i
End Sub
```

次要材料预算价格表的代码如下：

```
Sub 次要材料汇总表()
'下面编制"次要材料预算价格汇总表"
'先在"数据表中"读出次要材料名称
Windows("概预算成果.xlsm").Activate
Sheets("数据表").Select
Dim cyclmc(200)
n = Range("F2").Value          '读取主要材料的数量
For i = 1 To n
cyclmc(i) = Range("F" & i + 2).Value          '读取主要材料的名称
Next i
'再到次要材料预算价格表中加上序号
Windows("概预算成果.xlsm").Activate
Sheets("4)次要材料预算价格汇总表").Select
Range("4:200").Delete          '把原来可能存在的表格删除
Range("3:3").ClearContents          '清空第 3 行的内容,保留着边框
Range("3:3").Copy          '第 3 行是个空行,把这行复制下来,因为这一行带着边框
For i = 1 To n
Windows("概预算成果.xlsm").Activate
Sheets("4)次要材料预算价格汇总表").Select
Range("A" & i + 2).Activate          '在填表之前先把复制的空行粘贴过来
ActiveSheet.Paste
Range("A" & i + 2).Value = i          '写序号
Range("B" & i + 2).Value = cyclmc(i)          '写材料名称
'下面要到"材料预算价格表"中找到这个材料名称所在的行号
Windows("水利工程概算软件表格.xlsx").Activate
Sheets("材料预算价格表").Select
For Each dyg In Range("B5:B500").Cells          'B 行是材料名称
If dyg.Value = cyclmc(i)     Then
hh = dyg.Row          'hh 是行号的意思
GoTo 20          '如果找到这个材料就跳出来
End If
Next dyg
MsgBox "没有"" & cyclmc(i) & ""的预算价,需要添加!"          '把所有的材料都比较
```

了一遍没有同名的

Exit Sub      '退出子程序

20

'材料找到了,并且记下了在"材料预算价格表"中哪一行

dw = Range("C" & hh). Value      '材料的单位

yj = Range("D" & hh). Value      '材料的原价

yzf = Range("S" & hh). Value     '材料的运杂费

ysj = Range("X" & hh). Value     '材料的预算价

'下边的代码不用解释了

Windows("概预算成果. xlsm"). Activate

Sheets("4)次要材料预算价格汇总表"). Select

Range("C" & i + 2). Value = dw

Range("D" & i + 2). Value = yj

Range("E" & i + 2). Value = yzf

Range("F" & i + 2). Value = ysj

Next i

End Sub

## 三、施工机械台时费汇总表的编制

### (一)施工机械台时费汇总表的格式

施工机械台时费汇总表的格式如表 12-7 所示。

**表 12-7　施工机械台时费汇总表**

| 序号 | 名称及规格 | 台时费（元） | 其中 | | | | |
|---|---|---|---|---|---|---|---|
| | | | 折旧费 | 修理及替换设备费 | 安拆费 | 人工费 | 动力燃料费 |
| | | | | | | | |

### (二)Excel 表格的准备工作

先在"概预算成果. xlsm"中添加一个 Excel 表格,名称改为"5)施工机械台时费汇总表"做一个"施工机械台时费汇总表"的表头,如图 12-32 所示。

**图 12-32**

### (三)编制施工机械台时费汇总表的 VBA 代码

```
Sub 施工机械汇总表( )
'第一步工作先要找到本工程中用到了哪些机械
'找出这些机械的定额编号就等于找到了这些机械
'这些机械的定额编号都在建筑工程单价中
'下面代码是在所有的建筑工程单价中找出所有的机械定额编号
Sheets("(11)建筑工程单价表").Select
Dim jxde(300)          'jxde(300)存放所有机械定额编号
i = 0
For Each dyg In Range("B:B").Cells          '在"(11)建筑工程单价表"中遍历 B 列所有的单元格
'B 列存放着所有的材料编号和机械定额编号,材料编号是文本,机械定额编号是数字
If IsNumeric(dyg.Value) And dyg.Value < > 0 And Len(dyg.Value) = 4 Then
'如果是数字且不等于零而且是 4 位肯定就是机械定额编号
i = i + 1
jxde(i) = dyg.Value          '把机械定额编号存放到数组中
End If
Next dyg
'把所有机械数量和机械定额存到"数据表"的 G 列
n = i          '把所有机械的数量赋给变量 n
Sheets("数据表").Select
Range("G2:G300").Clear          '先把 G 列内容清除
Range("G2").Value = n
For i = 1 To n
Range("G" & i + 2).Value = jxde(i)
Next i
'去掉重复的机械定额编号
Dim bcfjxde(200)          'bcfjxde(200)存放不重复的机械定额
m = 1
bcfjxde(1) = jxde(1)
For i = 1 To n
For j = 1 To m
If bcfjxde(j) = jxde(i) Then
GoTo 5          '对每一个新的机械定额都跟已存的机械定额比一下,如果跟其中的一个重复就转到 5 换下一个机械定额
End If
Next j
```

```
m = m + 1    '如果没有重复就把已存的增加一个编号
bcfjxde(m) = jxde(i)
5
Next i
'把所有不重复的机械数量和机械定额存到"数据表"H列
Range("H2:H200").Clear        '先把H列内容清除
Range("H2").Value = m
For i = 1 To m
Range("H" & i + 2).Value = bcfjxde(i)
Next i
'先把""施工机械台时费汇总表做好准备
Windows("概预算成果.xlsm").Activate
Sheets("5)施工机械台时费汇总表").Select
Range("5:200").Delete        '把原来可能存在的表格删除
Range("4:4").ClearContents        '清空第4行的内容,保留着边框
Range("4:4").Copy        '第3行是个空行,把这行复制下来,后面往下粘贴因为这
一行带着边框
'下面的代码是根据机械定额到"水利工程概算软件表格.xlsx"的"机械定额"库中查
找台时费
For i = 1 To m
Windows("水利工程概算软件表格.xlsx").Activate
Sheets("机械定额").Select
For Each dyg In Range(Cells(14, 4), Cells(14, 2000)).Cells        'range()的这个用
法要记好
If dyg.Value = bcfjxde(i) Then
GoTo 10
End If
Next dyg
10
lh = dyg.Column        '读取列号
jxmc = Cells(1, lh).Value        '读取机械名称
tsf = Cells(16, lh).Value        '读取台时费
zjf = Cells(2, lh).Value        '读取折旧费
xlthf = Cells(3, lh).Value        '读取修理替换费
acf = Cells(4, lh).Value        '读取安拆费
rgf = Cells(18, lh).Value        '读取人工费
dlrlf = Cells(19, lh).Value        '读取动力燃料费
'把以上费用添加到"施工机械台时费汇总表"中
```

```
Windows("概预算成果.xlsm").Activate
Sheets("5)施工机械台时费汇总表").Select
Range("A" & i + 3).Activate        '在填表之前先把复制的空行粘贴过来
ActiveSheet.Paste
Cells(i + 3, 1).Value = i
Cells(i + 3, 2).Value = jxmc
Cells(i + 3, 3).Value = tsf
Cells(i + 3, 4).Value = zjf
Cells(i + 3, 5).Value = xlthf
Cells(i + 3, 6).Value = acf
Cells(i + 3, 7).Value = rgf
Cells(i + 3, 8).Value = dlrlf
Next i
End Sub
```

代码运行结果如图 12-33 所示。

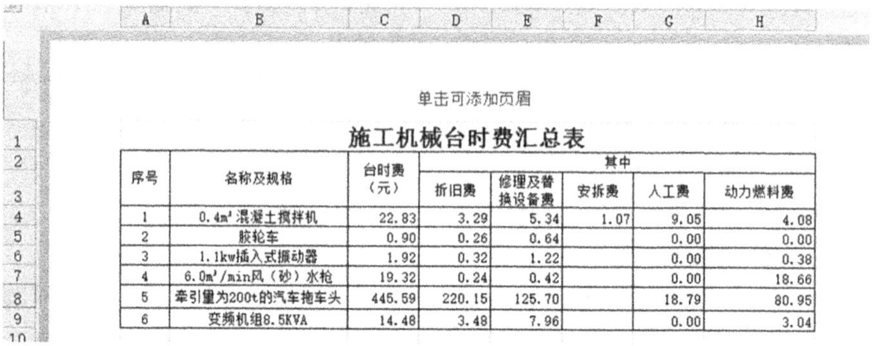
单击可添加页眉

施工机械台时费汇总表

| 序号 | 名称及规格 | 台时费（元） | 其中 | | | | |
|---|---|---|---|---|---|---|---|
| | | | 折旧费 | 修理及替换设备费 | 安拆费 | 人工费 | 动力燃料费 |
| 1 | 0.4m³混凝土搅拌机 | 22.83 | 3.29 | 5.34 | 1.07 | 9.05 | 4.08 |
| 2 | 胶轮车 | 0.90 | 0.26 | 0.64 | | 0.00 | 0.00 |
| 3 | 1.1kw插入式振动器 | 1.92 | 0.32 | 1.22 | | 0.00 | 0.38 |
| 4 | 6.0m³/min风（砂）水枪 | 19.32 | 0.24 | 0.42 | | 0.00 | 18.66 |
| 5 | 牵引量为200t的汽车拖车头 | 445.59 | 220.15 | 125.70 | | 18.79 | 80.95 |
| 6 | 变频机组8.5KVA | 14.48 | 3.48 | 7.96 | | 0.00 | 3.04 |

图 12-33

## 四、主要工程量汇总表的编制

主要工程量汇总表的格式如表 12-8 所示，表中统计的工程类别可根据工程实际情况调整。这个表比较简单，把建筑工程概算表中的工程量读过来就可以了。

**表 12-8　主要工程量汇总表**

| 序号 | 项目 | 土石方明挖($m^3$) | 石方洞挖($m^3$) | 土石方填筑($m^3$) | 混凝土($m^3$) | 模板($m^3$) | 钢筋(t) | 帷幕灌浆(m) | 固结灌浆(m) |
|---|---|---|---|---|---|---|---|---|---|
| | | | | | | | | | |

## 五、主要材料量汇总表的编制

### (一)主要材料量汇总表的格式

主要材料量汇总表的格式如表 12-9 所示。表中统计的主要材料种类可根据工程实际情况调整,我们按照用户选择的主要材料加上汽油和柴油来统计。

表 12-9　主要材料量汇总表

| 序号 | 项目 | 水泥 (t) | 钢筋 (t) | 钢材 (t) | 木材 (m³) | 炸药 (t) | 沥青 (t) | 粉煤灰 (t) | 汽油 (t) | 柴油 (t) |
|------|------|----------|----------|----------|-----------|----------|----------|-----------|----------|----------|
|      |      |          |          |          |           |          |          |           |          |          |

**(二)Excel 表格的准备工作**

先在"概预算成果. xlsm"中添加一个 Excel 表格,名称改为"7)主要材料量汇总表",做一个"主要材料量汇总表"的表头,如图 12-34 所示。

图 12-34

**(三)编制主要材料量汇总表的 VBA 代码**

主要材料量是比较难统计的,一定要先熟悉思路再仔细研究代码。主要材料的量分三种情况:一种是在"(11)建筑工程单价表"中就能找全其消耗量的材料;一种是其材料量在"(11)建筑工程单价表"中有,在混凝土单价汇总表中也有,在砂浆单价汇总表中也有;另一种是汽油和柴油,其消耗量是在"机械定额"库中。

编制代码的思路顺序是:找到用户选择了哪些主要材料→在图 12-34 的表格中插入与主要材料数量相同数目的空列→找到用了多少定额(包括重复的)→从第一个定额开始对所有定额循环→找到这个定额在"(11)建筑工程单价表"中的位置→对每一种主要材料进行循环→在单价表中找到与主要材料同名的材料(没有同名的就循环下一种材料)→找到这种材料在这个单价表中的消耗量→再查找在这个单价表中有没有混凝土和砂浆复合材料,如果有,到"数据表"中查找这个混凝土或砂浆中这种材料的预算量→这个预算量乘以混凝土或浆砌石在单价表中的消耗量→把几种消耗量加起来→把这些量换算单位,换算成 1 个材料单位的量→这个消耗量乘以"2)建筑工程概算表"中的工程量,就是这次要统计的这个定额的这种主要材料的量→接下来统计汽油和柴油的量→汽油和柴油的量在"机械定额"库中,与其他主要材料的统计方法类似→每个定额对应的主要材料的量统计出来后最后进行合计→给表格加上边框。

下面是代码及其注释:

Sub 主要材料量汇总表( )

'先把用户选择的主要材料写入"7)主要材料量汇总表"

'到"数据表"中读出主要材料的数量

Windows("概预算成果. xlsm"). Activate

Sheets("数据表"). Select

```
n = Range("E2"). Value
'删除"7)主要材料量汇总表"中"项目"和"汽油"中间的列
Sheets("7)主要材料量汇总表"). Select
For Each dyg In Range("2:2"). Cells
If dyg. Value = "汽油" Then
qylh = dyg. Column        'qylh 是汽油所在的列号
GoTo 10
End If
Next dyg
10
If qylh > 3 Then
Range("A1"). Select
Selection. UnMerge        '取消单元格合并
Range(Cells(1, 3), Cells(200, qylh - 1)). Select
Selection. Delete Shift: = xlToLeft
End If
'在"7)主要材料量汇总表"中"汽油"即 C 列的左侧插入 n 个空列
For i = 1 To n
Columns("C:C"). Select
    Selection. Insert
Next i
'设定插入的列宽
For i = 1 To n
Cells(1, i + 2). ColumnWidth = 10
Next i
'到"数据表"中读取主要材料的名称
Sheets("数据表"). Select
Dim zyclmc(200)
For i = 1 To n
zyclmc(i) = Range("E" & i + 2). Value
Next i
'到"7)主要材料量汇总表"中写入主要材料的名称
Sheets("7)主要材料量汇总表"). Select
For i = 1 To n
Cells(2, i + 2). Value = zyclmc(i)
Next i
'把第一行的单元格合并作为表的题目
Range(Cells(1, 1), Cells(1, n + 4)). Select
```

```
    Selection. Merge
'下面写"序号"和"项目"列
'只对"建筑工程概算表"中有定额编号的项目进行材料量的统计
'没有定额编号的项目无法统计材料量
Sheets("7)主要材料量汇总表"). Select
Range("4:500"). Select
Selection. Delete        '先删除过去做过的内容
Sheets("2)建筑工程概算表"). Select
i = 0
Dim debh(200)
Dim gcl(200)
For Each dyg In Range("F3:F500"). Cells        '定额编号在 F 列
If IsNumeric(dyg. Value) And dyg. Value < > 0 Then
dehh = dyg. Row        '取得定额所在的行号
xm = Range("C" & dehh). Value        '取得项目名称
i = i + 1
debh(i) = dyg. Value        '把定额编号记下来
gcl(i) = Range("E" & dehh). Value        '把工程量记下来
Sheets("7)主要材料量汇总表"). Select
Range("A" & i + 3). Value = i
Range("B" & i + 3). Value = xm
End If
Sheets("2)建筑工程概算表"). Select
Next dyg
desl = i        '定额数量等于 i 累加的最大值
For i = 1 To desl
'到"(11)建筑工程单价表"中去找到定额编号对应的单价表
Sheets("(11)建筑工程单价表"). Select
    For Each dyg In Range("C:C")        '定额编号在 C 列
    If dyg. Value = debh(i) Then
hh = dyg. Row
    GoTo 20
    End If
    Next dyg
20
'找到定额的单位
dedw = Range("G" & hh). Value
    debs = Left(dedw, Len(dedw) - 2)        'debs 是定额倍数的意思,取出定额
```

单位中的数值

```
        '找到材料的项数
            clxs = Range("H" & hh).Value        'clxs 是材料项数的意思
    '第一项材料的行号比定额 hh 多 13
    clh1 = hh + 13
    clhend = hh + 12 + clxs
    For j = 1 To n        '每个主要材料进行循环
    '先到材料列找与主要材料名称相同的材料
    For clh = clh1 To clhend        'clh 是材料行号的意思
    If Range("C" & clh).Value = zyclmc(j) Then
    '先找到单位,在 D 列
    cldw = Range("D" & clh).Value
    '再找到数量,在 E 列
    clsl = Range("E" & clh).Value
    '读出的 clsl 是 1 个定额单位的数量,1 个定额单位可能是 100 m³ 或 100 m²
    '把这个 clsl 换算成建筑工程概算表中工程量的单位的数量,一般是 m³ 或 m²
    clsl = Int(clsl / debs * 100 + 0.5) / 100    '取两位小数
    GoTo 30
    End If
    Next clh
    30
    '再看一下材料编号列有没有 hnt(混凝土)复合材料,材料编号在 B 列
    For clh = clh1 To clhend        'clh 是材料行号的意思
    Sheets("(11)建筑工程单价表").Select
    If Left(Range("B" & clh).Value, 3) = "hnt" Then
    '此时发现有混凝土材料,先读出这个混凝土的全名和混凝土的数量
    hntmc = Range("C" & clh).Value
    hntsl = Range("E" & clh).Value
    hntsl = Int(hntsl / debs * 100 + 0.5) / 100
    '再到"数据表"中读取这个混凝土材料中 zyclmc(j)(主要材料名称)的预算量
    Sheets("数据表").Select
    '先找到这个混凝土材料在第几行
    For Each dyg In Range("I2:I200").Cells
    If dyg.Value = hntmc Then
    hnthh = dyg.Row        'hnthh 是混凝土行号的意思
    GoTo 35
    End If
    Next dyg
```

35

'再找到目前这个主要材料在第几列

For Each dyg In Range("J1:T1"). Cells

If dyg. Value = zyclmc(j) Then

zclh = dyg. Column　　　'zclh 是主材列号的意思

hntzcsl = Cells(hnthh, zclh). Value

'如果找出来的是水泥,把 kg 换算成 t

If Right(zyclmc(j), 2) = "水泥" Then

hntzcsl = hntzcsl / 1000

End If

'目前找出来的 zc 数量是 1 $m^3$ 混凝土的预算量,需要换算成定额中 hntsl 的量

hntzcsl = Int(hntzcsl * hntsl * 100 + 0.5) / 100

'确定材料单位

If zyclmc(j) = "外加剂" Or zyclmc(j) = "粉煤灰" Or Right(zyclmc(j), 2) = "水泥"

Then

cldw = "kg"

Else

cldw = "m3"

End If

GoTo 40

End If

Next dyg

End If

Next clh

40

'再看一下材料编号列有没有 SJ(砂浆)复合材料,材料编号在 B 列

For clh = clh1 To clhend　　　'clh 是材料行号的意思

Sheets("(11)建筑工程单价表"). Select

sjbh = Range("B" & clh). Value

If Left(sjbh, 2) = "sj" Then

'此时发现有砂浆材料,先读出这个砂浆的全名和砂浆的数量

sjmc = Range("C" & clh). Value

sjsl = Range("E" & clh). Value

sjsl = Int(sjsl / debs * 100 + 0.5) / 100

'再到"数据表"中读取这个砂浆材料中 zyclmc(j)(主要材料名称)的预算量

Sheets("数据表"). Select

'先找到这个砂浆材料在第几行

For Each dyg In Range("I2:I200"). Cells

```
If dyg. Value = sjmc Then
sjhh = dyg. Row    'sjhh 是砂浆行号的意思
GoTo 45
End If
Next dyg
45
'再找到目前这个主要材料在第几列
For Each dyg In Range("J1:T1"). Cells
If dyg. Value = zyclmc(j) Then
zclh = dyg. Column    'zclh 是主材列号的意思
sjzcsl = Cells(sjhh, zclh). Value
'如果找出来的是水泥,把 kg 换算成 t
If Right(zyclmc(j), 2) = "水泥" Then
sjzcsl = sjzcsl / 1 000
End If
'目前找出来的 zc 数量是 1 m³ 砂浆的预算量,需要换算成定额中 sjsl 的量
sjzcsl = Int(sjzcsl * sjsl * 100 + 0.5) / 100
'确定材料单位
If Right(zyclmc(j), 2) = "水泥" Then
cldw = "kg"
Else
cldw = "m3"
End If
GoTo 50
End If
Next dyg
End If
Next clh
50
```

'以上共进行了三次查找:单价中是否有 zyclmc(j)、混凝土中是否有 zyclmc(j)、砂浆中是否有 zyclmc(j)

'如果有,分别找出的数量为:clsl、hntzcsl、sjzcsl

'这三个数量都是同一个 zyclmc(j),所以加起来写到"7)主要材料量汇总表"中

```
zyclsl = clsl + hntzcsl + sjzcsl
```

'以上查找出的 zyclsl 是定额中的数量,再乘以工程量就是本工程中的主要材料量

```
zyclsl = Int(zyclsl * gcl(i) * 100 + 0.5) / 100
```

'如果加起来的和 zyclsl 不等于 0,就写,否则就不写

```
If zyclsl < > 0 Then
```

Sheets("7)主要材料量汇总表"). Select

'找到这个主要材料的列号

For Each dyg In Range( Cells(2, 3), Cells(2, n + 2)). Cells

If dyg. Value = zyclmc( j) Then

zycllh = dyg. Column 　　'zycllh 是主要材料列号的意思

GoTo 60

End If

Next dyg

60

Cells( i + 3, zycllh). Value = zyclsl

End If

clsl = 0 '让 clsl 归零,防止下一个主要材料的数量累加进去

hntzcsl = 0

sjzcsl = 0

'在"7)主要材料量汇总表"中写上材料的单位

Sheets("7)主要材料量汇总表"). Select

Cells(3, j + 2). Value = cldw

'如果是水泥,单位改成 t

If Right( zyclmc( j), 2) = "水泥" Then

Cells(3, j + 2). Value = "t"

End If

Next j

Next i

'下边的代码是统计"汽油"和"柴油"的数量

'"汽油"和"柴油"都是施工机械用的,所以查机械定额

For i = 1 To desl

'到"(11)建筑工程单价表"中去找到定额编号对应的单价表

Sheets("(11)建筑工程单价表"). Select

　　For Each dyg In Range("C:C"). Cells 　　　'定额编号在 C 列

　　If dyg. Value = debh( i) Then

hh = dyg. Row

　　clxs = Range("H" & hh). Value 　　'读出材料项数

　　bghs = Range("G" & hh - 1). Value 　　　'读出这个表格的行数

　　dedw = Range("G" & hh). Value 　　　'找到定额的单位

　　debs = Left( dedw, Len( dedw) - 2) 　　　'debs 是定额倍数的意思,取出定额

单位中的数值

　　GoTo 120

　　End If

```
        Next dyg
120
'读出这个单价表中有几个机械
'在单价表中有三个部分有机械:一个是主工序中,两个是两个配合工序中
'这些机械都在"机械使用费 1"和"其他直接费"之间的行
'先找到"机械使用费 1"的行号
hh1 = hh + 12 + clxs + 2        'hh1 是"机械使用费 1"下一行的行号
'再找到"其他直接费"的行号
For Each dyg In Range("C" & hh1 , "C" & hh + bghs). Cells
If dyg. Value = "其他直接费" Then
hh2 = dyg. Row - 1
GoTo 130
End If
Next dyg
130
'下面在 hh1 和 hh2 行之间搜索机械定额编号
qysl = 0
cysl = 0
qyzsl = 0
cyzsl = 0
Sheets("(11)建筑工程单价表"). Select
For Each dyg In Range("B" & hh1 , "B" & hh2). Cells
Windows("概预算成果. xlsm"). Activate
Sheets("(11)建筑工程单价表"). Select
If Len(dyg. Value) = 4 Then        '机械定额编号是 4 位
jxdebh = dyg. Value
jxhh = dyg. Row        '读取这个机械的行号
tssl = Range("E" & jxhh). Value        '读取这个机械的台时数量
'找到一个机械定额编号后到"机械定额"库中找"汽油"和"柴油"的消耗量
Windows("水利工程概算软件表格. xlsx"). Activate
Sheets("机械定额"). Select
For Each jxde In Range("14:14"). Cells
If jxde. Value = jxdebh Then
jxlh = jxde. Column        '读取机械定额的列号
qyxhl = Cells(7, jxlh). Value        '读取汽油的消耗量
cyxhl = Cells(8, jxlh). Value        '读取柴油的消耗量
GoTo 140
End If
```

```
Next jxde
140
qysl = tssl * qyxhl          '汽油数量等于机械台时乘以汽油消耗量
cysl = tssl * cyxhl          '柴油数量等于机械台时乘以柴油消耗量
qysl = qysl / 1 000           '把 kg 换算成 t
cysl = cysl / 1 000
qyzsl = qyzsl + qysl          '汽油总数量是每个机械的汽油数量累加
cyzsl = cyzsl + cysl
End If        '1 个机械的汽油和柴油数量统计完毕
qysl = 0
cysl = 0
Next dyg
'下面把这个定额编号的汽油和柴油的总数量写到"7)主要材料量汇总表"中
Windows("概预算成果. xlsm"). Activate
Sheets("7)主要材料量汇总表"). Select
qyzsl = Int(qyzsl * gcl(i) * 100 + 0.5) / 100        '乘以工程量,再取两位小数
cyzsl = Int(cyzsl * gcl(i) * 100 + 0.5) / 100
If qyzsl < > 0 Then
Cells(i + 3, n + 3). Value = qyzsl
End If
If cyzsl < > 0 Then
Cells(i + 3, n + 4). Value = cyzsl
End If
Next i
'把主要材料量合计起来
Range("A" & desl + 4). Value = "合计"
Range("A" & desl + 4, "B" & desl + 4). Select
Selection. Merge
For i = 1 To n + 2
Cells(desl + 4, i + 2). Formula = " = sum(R4C" & i + 2 & ":R" & desl + 3 & "C"
& i + 2 & ")"
Next i
'给表格加上边框
Range(Cells(4, 1), Cells(desl + 4, n + 4)). Select
Selection. Borders(xlDiagonalDown). LineStyle = xlNone
Selection. Borders(xlDiagonalUp). LineStyle = xlNone
    With Selection. Borders(xlEdgeLeft)
      . LineStyle = xlContinuous
```

```
            . ColorIndex  =  0
            . TintAndShade  =  0
            . Weight  =  xlThin
        End With
        With Selection. Borders( xlEdgeTop)
            . LineStyle  =  xlContinuous
            . ColorIndex  =  0
            . TintAndShade  =  0
            . Weight  =  xlThin
        End With
        With Selection. Borders( xlEdgeBottom)
            . LineStyle  =  xlContinuous
            . ColorIndex  =  0
            . TintAndShade  =  0
            . Weight  =  xlThin
        End With
        With Selection. Borders( xlEdgeRight)
            . LineStyle  =  xlContinuous
            . ColorIndex  =  0
            . TintAndShade  =  0
            . Weight  =  xlThin
        End With
        With Selection. Borders( xlInsideVertical)
            . LineStyle  =  xlContinuous
            . ColorIndex  =  0
            . TintAndShade  =  0
            . Weight  =  xlThin
        End With
        With Selection. Borders( xlInsideHorizontal)
            . LineStyle  =  xlContinuous
            . ColorIndex  =  0
            . TintAndShade  =  0
            . Weight  =  xlThin
        End With
    End Sub
```

代码运行后成果如图 12-35 所示。

单击可添加页眉

**主要材料量汇总表**

| 序号 | 项目 | 块石 m³ | 砂子 m³ | 32.5水泥 t | 粗砂 m³ | 中砂 m³ | 碎石 m³ | 汽油 t | 柴油 t |
|------|------|--------|--------|-----------|--------|--------|--------|--------|--------|
| 1 | 上游左岸M10浆砌石护坡 | 4.87 | 0.81 | 0.5 | | | | | |
| 2 | 上游左岸护坡碎石垫层 | | | | | | | | |
| 3 | 上游右岸M10浆砌石护坡 | 4.87 | 0.81 | 0.5 | | | | | |
| 4 | 上游右岸护坡碎石垫层 | | | | | | | | |
| 5 | 上游浆砌石护底 | 1.51 | 0.25 | 0.15 | | | | | |
| 6 | 上游浆砌石护底碎石垫层 | | | | | | | | |
| 7 | 上游左岸M10浆砌石护坡 | 8.14 | 1.36 | 0.83 | | | | | |
| 8 | 上游左岸护坡碎石垫层 | | | | | | | | |
| 9 | 上游左岸护坡直墙碎石垫层 | | | | | | | | |
| 10 | 上游右岸M10浆砌石护坡 | | 1.43 | 0.83 | | | | | |
| 11 | 上游右岸护坡碎石垫层 | | | | | | | | |
| 12 | 上游右岸护坡直墙碎石垫层 | | | | | | | | |
| 13 | M10浆砌石铺盖 | 2.16 | 0.36 | 0.22 | | | | | |
| 14 | 铺盖碎石垫层 | | | | | | | | |
| 15 | C25钢筋混凝土闸底板 | | | 1.77 | | 2.46 | 4.05 | | 17.3 |
| 16 | C25钢筋混凝土闸底板左封头 | | | 0.01 | | 0.01 | 0.02 | | |
| 17 | C25钢筋混凝土闸底板右封头 | | | 0.01 | | 0.01 | 0.02 | | |
| 18 | 闸底板C15素混凝土垫层 | | | 0.49 | | 0.68 | 1.13 | | |

欠要材料预算价格汇总表　5)施工机械台时费汇总表　6)主要工程量汇总表　7)主要材料量汇总表　8)工时数量汇总表　(11)建筑工程单价表　数据表

**图** 12-35

## 六、工时数量汇总表的编制

### (一)工时数量汇总表的格式

水总〔2014〕429 号文件规定的工时数量汇总表的格式如表 12-10 所示。

**表** 12-10　**工时数量汇总表**

| 序号 | 项目 | 工时数量 | 备注 |
|------|------|---------|------|
| | | | |

### (二)工时数量汇总表的格式

工时数量汇总表在 Excel 中的格式如图 12-36 所示。

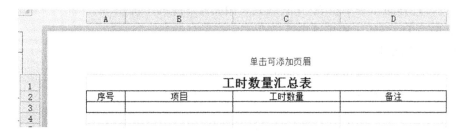

**图** 12-36

### (三)工时数量汇总表的 VBA 代码

Sub 工时数量汇总表( )

'把"8)工时数量汇总表"中过去可能有的内容删除

Windows("概预算成果.xlsm"). Activate

Sheets("8)工时数量汇总表"). Select

Range("3:200"). Select

Selection. Delete

'先到"2)建筑工程概算表"中读取项目和定额编号

```
Windows("概预算成果.xlsm").Activate
Sheets("2)建筑工程概算表").Select
i = 0
Dim debh(200)
Dim gcl(200)
For Each dyg In Range("F3:F500").Cells        '定额编号在 F 列
If IsNumeric(dyg.Value) And dyg.Value < > 0 Then
dehh = dyg.Row        '取得定额所在的行号
xm = Range("C" & dehh).Value        '取得项目名称
i = i + 1
debh(i) = dyg.Value        '把定额编号记下来
gcl(i) = Range("E" & dehh).Value        '把工程量记下来
'再到"8)工时数量汇总表"中写序号写项目
Sheets("8)工时数量汇总表").Select
Range("A" & i + 2).Value = i
Range("B" & i + 2).Value = xm
End If
Sheets("2)建筑工程概算表").Select
Next dyg
desl = i        '定额数量等于 i 累加的最大值
'再根据上面读出的 debh(i)到"(11)建筑工程单价表"中读取每个定额对应的工时
For i = 1 To desl
'到"(11)建筑工程单价表"中去找到定额编号对应的单价表
Sheets("(11)建筑工程单价表").Select
    For Each dyg In Range("C:C")        '定额编号在 C 列
    If dyg.Value = debh(i) Then
    hh = dyg.Row        '找到定额编号所在的行号
    GoTo 20
    End If
    Next dyg
20
'找到定额的单位
dedw = Range("G" & hh).Value
    debs = Left(dedw, Len(dedw) - 2)        'debs 是定额倍数的意思,取出定额单
位中的数值
    bghs = Range("G" & hh - 1).Value        '找到表格的行数
rgh1 = hh + 8        '第一个人工行比定额编号所在的行多 8 行
bgend = hh + bghs        '这个表格的最后一行的行号
```

'人工在 C 列,有工长、高级工、中级工、初级工,每找到一个把其工时累加到 gssl(工时数量)变量中

```
gssl = 0
For Each dyg In Range("C" & rgh1 , "C" & bgend). Cells
hhao = dyg. Row        '取得当前单元格的行号
Select Case dyg. Value
    Case "工长"
gssl = gssl + Val(Range("E" & hhao). Value)        'val( )函数可把空值转换为零
    Case "高级工"
gssl = gssl + Val(Range("E" & hhao). Value)
    Case "中级工"
gssl = gssl + Val(Range("E" & hhao). Value)
    Case "初级工"
gssl = gssl + Val(Range("E" & hhao). Value)
End Select
Next dyg
'除以定额单位的倍数后的工时数量
gssl = gssl / debs
'把工时数量乘以对应的工程量
gssl = gssl * gcl(i)
'取小数位数
gssl = Int(gssl * 100 + 0.5) / 100        '取两位小数
'把工时数量写入"8)工时数量汇总表"中
Sheets("8)工时数量汇总表"). Select
Range("C" & i + 2). Value = gssl
Next i
'把工时数量合计起来
Range("A" & desl + 3). Value = "合计"
Range("A" & desl + 3, "B" & desl + 3). Select
Selection. Merge
Cells(desl + 3, 3). Formula = " = sum( R3C" & 3 & ":R" & desl + 2 & "C" & 3 & ")"
'给表格加上边框
Range( Cells(3, 1), Cells(desl + 3, 4)). Select
Selection. Borders(xlDiagonalDown). LineStyle = xlNone
Selection. Borders(xlDiagonalUp). LineStyle = xlNone
    With Selection. Borders(xlEdgeLeft)
        . LineStyle = xlContinuous
        . ColorIndex = 0
```

```vba
    . TintAndShade = 0
    . Weight = xlThin
  End With
  With Selection. Borders(xlEdgeTop)
    . LineStyle = xlContinuous
    . ColorIndex = 0
    . TintAndShade = 0
    . Weight = xlThin
  End With
  With Selection. Borders(xlEdgeBottom)
    . LineStyle = xlContinuous
    . ColorIndex = 0
    . TintAndShade = 0
    . Weight = xlThin
  End With
  With Selection. Borders(xlEdgeRight)
    . LineStyle = xlContinuous
    . ColorIndex = 0
    . TintAndShade = 0
    . Weight = xlThin
  End With
  With Selection. Borders(xlInsideVertical)
    . LineStyle = xlContinuous
    . ColorIndex = 0
    . TintAndShade = 0
    . Weight = xlThin
  End With
  With Selection. Borders(xlInsideHorizontal)
    . LineStyle = xlContinuous
    . ColorIndex = 0
    . TintAndShade = 0
    . Weight = xlThin
  End With
End Sub
```

# 参 考 文 献

[1] 中华人民共和国水利部. 水利工程设计概(估)算编制规定:水总〔2014〕429号[S]. 郑州:黄河水利出版社,2014.

[2] 中华人民共和国水利部. 水利水电工程设计工程量计算规定:SL 328—2005[S]. 郑州:黄河水利出版社,2005.

[3] 中华人民共和国水利部. 水利建筑工程概算定额(上、下册)[M]. 郑州:黄河水利出版社,2002.

[4] 中华人民共和国水利部. 水利水电设备安装工程概算定额[M]. 郑州:黄河水利出版社,2002.

[5] 中华人民共和国水利部. 水利工程施工机械台时费定额[M]. 郑州:黄河水利出版社,2002.

[6] 国家发展改革委、建设部关于印发《建设工程监理与相关服务收费管理规定》的通知(发改价格〔2007〕670号).

[7] 国家发展计划委员会、建设部关于印发《工程勘察设计收费管理规定》(计价格〔2002〕10号).

[8] 水利水电规划设计总院. 水利水电工程造价指南(专业版)[M]. 北京:中国水利水电出版社,2010.

[9] 陈全会,谭兴华,王修贵. 水利水电工程定额与造价[M]. 北京:中国水利水电出版社,2003.

[10] 岳春芳,周峰. 水利水电工程概预算[M]. 北京:中国水利水电出版社,2013.

[11] 徐凤永,毕守一,张海娥,等. 水利工程概预算[M]. 北京:中国水利水电出版社,2010.

[12] 邱仲潘,宋志军. Visual Basic 2010中文版[M]. 北京:电子工业出版社,2011.

[13] 刘尚蔚,熊东,魏群. 基于建筑信息模型技术的水电工程族库的构建[J]. 华北水利水电大学学报(社会科学版), 2017,33(6):34-37.

[14] 张燎军. 中小型水利水电工程典型设计图集水闸分册[M]. 北京:中国水利水电出版社,2007.

[15] 张世儒,夏维城. 水闸[M]. 北京:水利电力出版社,1988.

[16] 武汉水利电力学院水力学教研室. 水力计算手册[M]. 北京:水利电力出版社,1983.

[17] 中华人民共和国水利部. 水闸设计规范:SL 265—2016[M]. 北京:水利电力出版社,2016.

[18] 黄亚斌. Revit基础教程[M]. 北京:中国水利水电出版社,2017.

[19] 罗刚君. Excel2010函数与图表速查手册[M]. 北京:电子工业出版社,2011.

[20] 罗刚君. ExcelVBA与VSTO基础实战指南[M]. 北京:电子工业出版社,2017.